新版

すぐできる量子化学計算

ビギナーズマニュアル

平尾公彦・監修　武次徹也・編著

An Easy Guide to Quantum Chemistry Calculations

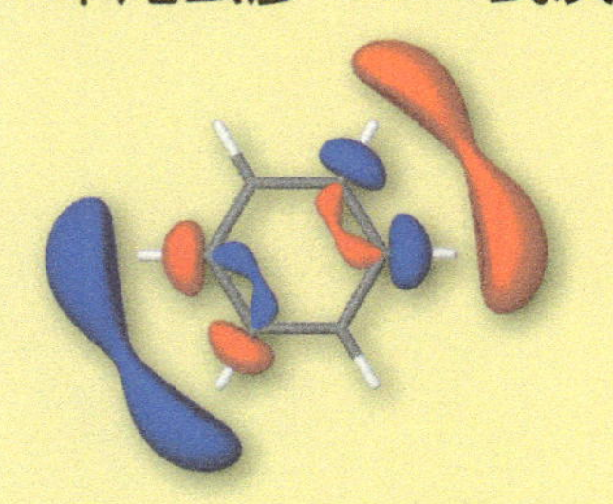

講談社

監修者

平尾　公彦　　東京大学 名誉教授
　　　　　　　理化学研究所 顧問

執筆者一覧

武次　徹也（編者）　北海道大学大学院理学研究院 教授
橋本　智裕　　岐阜大学地域科学部 准教授
中尾　嘉秀　　九州産業大学工学部 准教授
八木　清　　理化学研究所基幹研究所 専任研究員
前田　理　　北海道大学大学院理学研究院 教授
小林　正人　　北海道大学大学院理学研究院 講師
武次（小野）　ゆり子　北海道大学大学院理学研究院 博士研究員

まえがき――新版に向けて

「すぐできる量子化学計算ビギナーズマニュアル」を**2006**年に出版して**9**年が経過しました．書店に行けば量子化学の教科書は数多く見られますが量子化学計算の入門書はほとんどない状況で，実験化学者が理論計算による議論を自身の研究に取り入れたいという需要が顕在化してきた時機に重なったこともあり，本書は多くの読者に受け入れられました．しかしこの**9**年の間に **Gaussian** や **GAMESS** はそれぞれバージョンアップし，本書に記載されている内容にも古さが目立つようになりました．化学の各分野で実験 - 理論計算の連携が進み，量子化学計算への期待が更に高まってきた状況も後押しして，古くなった内容を最新のものにアップデートして改訂版を出したいという機運が執筆者の間で高まり，約１年前より改訂作業を開始しました．改訂にあたっては，情報を単にアップデートするだけではなく，旧版の構成を見直して **Gaussian** を中心に章を進めることとし，**GAMESS** については **G** 章にまとめることにしました．量子化学計算の基礎となる手法や概念の説明については旧版の記述を残し，新たに出現した計算手法や最近のトレンドについては新しい項目として加筆し，内容の更なる充実を図りました．

旧版同様，新版で登場する **Gaussian09**，**GAMESS** のインプットやアウトプットは **Web** サイト（**http://setani.sci.hokudai.ac.jp/qc-book-new/**）に用意しました．ご自身で自習される場合などに，ぜひご活用頂ければと思います．

武次　徹也

旧版のまえがき

化学は，我々の身のまわりにある多種多様な物質の構造や変化を対象とする学問であり，物質を熱したり光をあてたりといった，具体的な働きかけ(実験)を通して得られるデータを体系化することにより成り立ってきたものです．

20世紀初頭に量子力学が完成し，原子・分子の挙動は，巨視的世界の物質とは異なる方程式(Schrödinger方程式)に従うことが明らかになりました．しかし，いざ一般の多原子分子系にSchrödinger方程式を適用しようとすると，途端に解ける望みのない複雑な方程式に行き着いてしまい，量子力学は化学において実用的な方法にはなりえませんでした．量子力学の創始者の一人であるDiracは，量子力学が完成した後に，「化学において必要な基礎方程式はすべて分かった．あとは，これらの方程式を化学の問題に実際に適用できるように近似的手法を開発することが期待される」という趣旨のことを述べています．

量子化学は，そのような分子理論への近似的手法の体系であり，多くの理論化学者の寄与によって成立したアプローチです．コンピュータの急速な進展とあいまって，多くの量子化学計算のプログラムソフトが開発され，物質の物性や反応性などを当該物質なしにコンピュータによる計算のみで議論することが可能になってきました．この分野を，「実験化学」に対して「計算化学」とよびます．

計算化学には，広い意味で，古典力学に基づいて分子系の動的過程を追跡する分子動力学法や，乱数を用いて分子集合体の平衡状態を実現する手法であるモンテカルロシミュレーション，データベースに基づいた構造活性相関なども含まれますが，本書では基本的に，量子化学計算手法に分類される分子軌道法，密度汎関数法に焦点を絞ることにします．代表的な量子化学計算プログラムである，Gaussian03，GAMESSを取り上げて，両プログラムのインプット，アウトプットの実例を挙げながら，実際に計算を進めていく上でぶつかる様々な問題や，注意点を項目ごとにあげていきます．

近年の量子化学手法の進展，汎用プログラムの普及，高性能パソコンの登場により，量子化学計算は，理論化学の専門家だけではなく実験を主とする研究グループにおいても必須のものとなりつつあります．量子化学計算は実験と違って危険なことはありませんが，対象に応じて適切な方法を選択して正しいインプットを作ること，結果を正しく読み解くことは非専門家にとっては必ずしも容易なことではないでしょう．本書は，実験グループで量子化学計算を担当するようになった方を想定した，実用的な量子化学計算入門書の役割を果たせるように構成されています．

量子化学計算により何が分かるのか？　何を，どのように計算して，何を求めようとしているのか？　どのような結果が得られ，そこからどのような考察ができるのか？　計算対象分子が置かれている状況はどのようなものか？　溶媒効果や圧力・温度の影響を調べたい時にはどのような手段があるか？　などなど，本書を手に取った人にはそのレベルに応じて様々な疑問があることでしょう．本書は，基本的に **Q&A** 形式で書かれていますので，辞書的に利用して頂いても結構ですし，最初から順を追って読み進んで頂いても結構です．**Web** サイト（**http://setani.sci.hokudai.ac.jp/qc-book/**）に，本書で取り上げた **Gaussian03**，**GAMESS** のインプットやアウトプットを用意しましたので，実際に自分で計算を行いながら読み進めていくと，計算化学の基礎を体得することができることでしょう．

計算化学は，実験化学を相補的にサポートすることのできるレベルに達しています．ぜひ皆さんの研究に計算化学を役立てていただければと思います．

武次　徹也

A章　量子化学の基礎知識

B章　量子化学計算を始めてみよう

C章 計算実践編

D章 役に立つポイント

A 量子化学計算の基礎知識

A1. 分子軌道法とは何ですか？

ab initio 分子軌道法と semi-empirical 分子軌道法

分子軌道（Molecular Orbital）法とは，分子系の電子の状態に対する Schrödinger 方程式を近似的に解く方法です．多電子波動関数に対する Schrödinger 方程式は，軌道近似を経て，1 電子波動関数である分子軌道（関数）に対する Schrödinger 方程式（Hartree-Fock 方程式）に還元されます．

分子軌道法は，さらに *ab initio*（非経験的）分子軌道法，semi-empirical（半経験的）分子軌道法，Hückel 分子軌道法に分類することができます．*ab initio* 分子軌道法は，実験により得られる数値データを一切用いないことを信条としています．

一方，semi-empirical（半経験的）分子軌道法は，計算コストを軽減するためにあらかじめ参照となる分子群の物性値（実験値）を再現するように決められたパラメータを用いる分子軌道法です．分子軌道法による計算が行われるようになった 1960～70 年代は，コンピュータの性能は非常に貧弱であり，*ab initio* 分子軌道法の適用範囲はごく小さな分子に限られていました．したがって，理論化学者の一部はより大きな分子に対して適用可能な実用的な分子軌道法を目指して semi-empirical 分子軌道法を発展させました．semi-empirical 分子軌道法の代表的なプログラムとしては，Stewart による MOPAC がよく知られています．

最近ではコンピュータの性能も向上し，かなり大きな系に対しても *ab initio* 分子軌道法を適用することが可能になりましたが，同時に semi-empirical 分子軌道法もその適用範囲を広げており，*ab initio* 分子軌道法では取り扱えないようなより大きな系に対して利用されています．また，最近では *ab initio* 分子軌道法と semi-empirical 分子軌道法を hybrid に組み合わせた方法も工夫されています（E7 参照）．semi-empirical 分子軌道法の歴史については，参考文献 1 の 1 章に詳しい解説がありますので，興味のある方は参照してください．

分子軌道法の実際の計算について

分子軌道法の実際の計算について少し述べておきましょう．まず，インプットとして原子の Z-matrix やデカルト座標（Cartesian coordinates，直交座標）を入力することにより分子の構造を指定し，アウトプットとして分子軌道の組と電子エネルギーを得ます．電子エネルギーに正電荷を持つ原子核の間のCoulomb反発エネルギーを加えると，入力した分子構造に対するポテンシャルエネルギーが得られます．このポテンシャルエネルギーが極小となるようにZ-matrixのパラメータ（結合長，結合角，二面体角）を最適化すると，分子の平衡構造が決まります（B7，C1～C3参照）．また，平衡構造近傍で分子の内部座標を変化させたときのポテンシャルエネルギーの変化より，分子の振動運動の情報（振動数および各振動モードにおける各原子の動き方）が得られます（B8，C4参照）．

分子構造に対して一意に決まるポテンシャルエネルギーは，分子の構造変数（内部座標や原子の座標）の関数になっており，構造変数を変化させるとポテンシャルエネルギーは連続的に変化する曲面を形成します．これをポテンシャルエネルギー（超）曲面と呼びます（D7参照）．分子軌道法の計算はそれなりに計算時間を要しますので，ポテンシャルエネルギー曲面全体を量子化学計算により決定するという考えは現実的ではなく，分子の平衡構造，遷移状態構造（C9，C10参照），反応経路（C10参照）など重要な座標領域の分子構造が主な計算対象となります．最近では，平衡構造と遷移状態構造，反応経路を自動的に探索する方法も開発され，利用が広がりつつあります（E3参照）．

また，最近では非常に大きな系の量子化学計算を実行する手法も利用できるようになってきましたが（E7，E8参照），そのような手法や現在の計算機環境をもってしても，巨大系や分子の集合体に対して分子軌道法の計算を行うことは困難です．そのような場合には，ポテンシャルエネルギー曲面を近似的に表現した解析的な関数を使って分子系の構造，振動，反応が議論されます．この関数をポテンシャル関数と言います．ポテンシャルエネルギーを原子の座標で微分すると原子に働く力が得られますので，ポテンシャル関数は力場（force field）と呼ばれることもあります．ポテンシャル関数としては，物理的考察に基づいて工夫された様々な関数形が提案されており，関数に含まれるパラメータは，実験データや理論計算に合うように決められます．経験的なポテンシャル関数に基づき分子系の構造を議論する方法は，分子力学（Molecular Mechanics）法と呼ばれます．また，系に対するポテンシャル関数が与えられれば，分子動力学（Molecular Dynamics）法やモンテカルロ（Monte Carlo）法に基づくシミュレーションも可能になります．分子力学法に基づくシミュレーションについては，本書の姉妹本[2]を参照してください．

[1] 平野恒夫，田辺和俊，分子軌道法MOPACガイドブック　2訂版（海文堂，1994）．

[2] 長岡正隆，すぐできる分子シミュレーション ビギナーズマニュアル（講談社，2008）．

A2. *ab initio* 分子軌道法にはどのような方法がありますか？

Hartree-Fock 法

分子軌道とは，分子中に存在する各々の電子の状態を表す1電子波動関数です．分子は一般に複数の電子を持ち，電子と電子の間には Coulomb 反発相互作用が働いています．電子間の相互作用を厳密に取り扱うと，多電子系における1電子の波動関数は定義できなくなります．そこで，電子間の相互作用を近似的に取り扱うことにより，多電子系においても1電子波動関数を定義しようというのが，分子軌道法の基本的な考え方です．この近似に対しては，「軌道近似」，「独立電子近似」，「Hartree-Fock 近似」など様々な呼び方があります．

各電子に対して分子軌道を定義することができれば，全電子波動関数は各分子軌道の積として定義するのが自然な考え方です．Schrödinger 方程式が提案されてすぐに，Hartree は多電子系の波動関数として分子軌道の積の形を提案しました（この波動関数は，Hartree 積と呼ばれています）．しかし，Hartree 積は電子の基本的性質である「Pauli の原理」を満たしていません．この欠陥は，全電子波動関数として Hartree 積を反対称化した Slater 行列式を採用することにより取り除かれることになります．

ab initio 分子軌道法では，全電子波動関数を個々の電子の分子軌道から構築した Slater 行列式により近似する，Hartree-Fock 法が出発点となります．電子波動関数を1つの Slater 行列式で表すということは，電子状態を1つの電子配置で表すことに対応します．電子配置は，電子が詰まる分子軌道の組で表現されますが，この分子軌道の組を決める方程式が Hartree-Fock 方程式です．

電子には，自らが Coulomb 場の源になると同時に，その場の影響を受けてエネルギー的に安定な状態に落ち着くという二重の役割があります．言い換えると，Coulomb 場を提供する分子軌道と Coulomb 場の影響下で定まる分子軌道が一致する必要があります．Hartree-Fock 方程式は，最初に仮定した分子軌道に基づいて Fock 演算子を作り，その固有解として分子軌道を求め，得られた分子軌道を使って Fock 演算子を作り，固有解を求め，ということを繰り返すことにより分子軌道を求めていきます．最終的に，Fock 演算子を決める分子軌道と，解として得られる分子軌道の組が一致したとき，自己無撞着（むどうちゃく）場（英語では Self-Consistent Field: SCF）が満たされたという言い方をします．この言い方にならうと，Hartree-Fock 法は単一電子配置に対するSCF法ということができます.

RHFとUHF

電子基底状態に対する電子配置(基底配置)では,軌道エネルギーの低い分子軌道から順に電子を2個ずつ詰めていきます.系の電子数が偶数個ですべての分子軌道に電子が2個ずつ詰まる場合(閉殻系)はαスピンとβスピンの電子の数が等しく,対称性が保たれますが,電子数が奇数個であったり一方のスピンの電子数が他方のスピンの電子数を上回る場合(開殻系)には,各スピンの電子に対する分子軌道の取り扱い方によって2種類の可能性が生じます.図1に示すように,電子配置が閉殻系の場合は両スピンの分子軌道は同じものになり,RHF (spin-Restricted Hartree-Fock)法が適用されます.

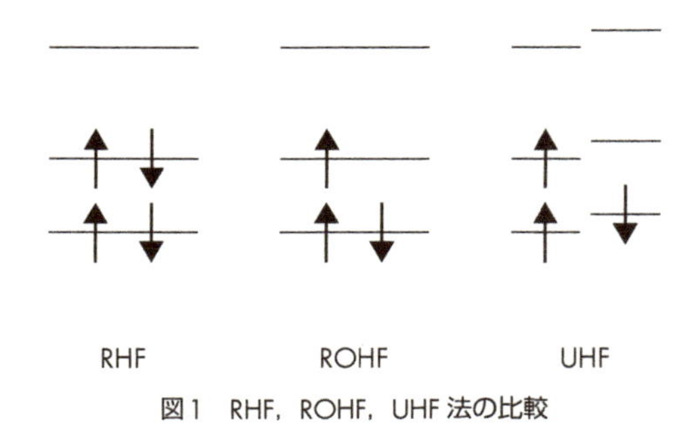

図1　RHF, ROHF, UHF法の比較

一方,開殻系の場合には,電子が2個ずつ占有される軌道に対しては分子軌道を同じものに制限するROHF (spin-Restricted Open-shell Hartree-Fock)法と,各スピンに対して別々に分子軌道を定めるUHF (spin-Unrestricted Hartree-Fock)法があります.ROHF法ではスピン対称性が満たされますが,UHF法では満たされません.一方,UHF法は分子軌道に制限を課していないことから,ROHF法より低いエネルギー値を与えます.UHF法を適用したとき,スピン対称性のずれが大きい場合には注意が必要です(D2参照).また,ROHF計算で得られる軌道エネルギーには物理的な意味がないため,これを用いてイオン化エネルギーなどを議論することはできないことに注意してください[1].

電子相関

Hartree-Fock法では,電子間相互作用は分子軌道を用いて平均場として考慮されているため,Hartree-Fock波動関数は,Schrödinger方程式に対する正確な解にはなっていません.厳密な電子間相互作用と平均場により見積もられた電子間相互作用のずれを，電子相関と言います．量子化学計算において実験値との定量的な比較を行うためには，電子相関エネルギーを精度良く見積もることが重要なポイントになります．

Hartree-Fock 法は，電子基底状態を単一の基底配置（に対応する Slater 行列式）で表す方法でした．電子の詰まっている占有軌道から仮想軌道へ電子を励起させることによってできる電子配置を励起配置と言います．電子相関を考慮した方法では，電子基底状態を表現する電子波動関数として，基底配置に励起配置を線形結合の形で加算した形を採用します．励起配置は，励起させる電子の数によって，1電子励起(single excitation)，2電子励起(double excitation)，3電子励起(triple excitation)，4電子励起(quadruple excitation)配置のように分類することができますが，電子相関を見積もる上で最も重要な寄与をするのは2電子励起配置であり，次に重要な寄与をするのは4電子励起配置であることが知られています．電子相関を見積もる方法には，摂動論による方法，変分法による方法，クラスター展開による方法があります．以下，各方法について簡単な説明を与えましょう．

Møller-Plesset (MP) 摂動法

最も簡便に電子相関を見積もる方法は，2次の摂動論に基づく Møller-Plesset (MP2)法です．MP2法では電子相関を摂動として取り扱い，系のエネルギーおよび電子波動関数を摂動展開により求めます．摂動の次数を上げていくと計算精度は上がりますが，計算コストは急激に増大します．最近ではコンピュータの性能も向上しているので，摂動展開を4次まで考慮したMP4法やその3電子励起配置の寄与を無視した近似法である MP4(SDQ) 法などもよく使われるようになりました．MP 法は，Hartree-Fock 法と同様に「大きさについての無矛盾性(size consistency)」(D5参照)を満たしており，分子の結合エネルギーなどを求める際に，大きさの異なる系に対してそのまま相対エネルギーに基づいて議論することができます．また，MP2法は並列化(A6参照)が容易で需要も高いことから，早くから様々な並列計算アルゴリズムが開発されました．特に GAMESS は，計算機に合わせて様々なアルゴリズムを選択することができます．

配置間相互作用 (CI) 法

変分法により電子相関を見積もる方法は，配置間相互作用(Configuration Interaction: CI)法です．CI 法では，波動関数を電子配置(Slater 行列式またはその線形結合)で展開し，Hamiltonian 行列を構築して，対角化することによって各配置の係数(CI 係数と言います)を決定します．占有軌道から仮想軌道へのあらゆる励起配置を考慮した CI 法は完全 CI (full CI) 法と呼ばれ，計算に用いている基底関数の近似の範囲で最も正確な解を与えますが，計算コストの点で実用的とは言えず，実際の計算では，途中で展開を打ち切ったCI法が使われます．かつては，2電子励起までを考慮したCISDまたはSDCI (Single and Double excitation CI) 法あるいは2電子励起のみを考慮したCIDまたはDCI (Double excitation CI) 法がよく使われましたが，途中で展開を打ち切ったCI法には「大きさについての無矛盾性」を満たさないという欠陥があり，最近はあまり使われなくなりました．代わって，大きさについて無矛盾であるように改良された，QCISD (Quadratic CISD) がしばしば使われていますが，CI法よりもどちらかというと後で説明するクラスター展開法に近い計算手法です．なお，Hartree-Fock軌道を用いた場合には1電子励起配置は基底配置とのHamiltonian行列要素が0になるという性質があるため (Brillouinの定理)，1電子励起配置のみを考慮したCI法 (CIS法) では基底状態に対する電子相関を見積もることができません．ただし，CIS法は電子励起状態を簡便に求める方法として使うことができます (C8参照)．

クラスター展開 (CC) 法

途中で展開を打ち切ったCI法では，占有軌道から仮想軌道へ励起する電子数を限定することによって励起配置を制限しますが，励起演算子を指数関数の肩に乗せることにより物理的意味づけのできる励起配置のみを生成する方法をクラスター展開 (Coupled Cluster: CC) 法またはSAC(Symmetry-Adapted Cluster) 法と言います．この方法は「大きさについての無矛盾性」を満たしています．MP法に比べて計算コストは非常に大きくなりますが (B11参照)，計算精度もその分高く，Hartree-Fock波動関数に基づいて電子相関を考慮する方法としてはベストなアプローチといってよい方法です．最近では，2電子励起まで考慮したCCSD法やさらに3電子励起を摂動論により考慮したCCSD (T) 法がよく使われており，特にCCSD(T) 法はその精度の高さから，量子化学計算のgold standardと呼ばれています．また，電子励起状態を求める方法として，SAC-CI法やEOM (Equation Of Motion)-CCSD法などがあります (電子励起状態の計算についてはC8参照)．

ここまで述べてきた方法はHartree-Fock計算を前提としており，単一の基底配置から生成した励起配置を使って電子相関を見積もる方法であるので，単配置に基づく方法と呼ぶことができます．

MCSCF法

一方，系によっては，電子基底状態を1つの電子配置で記述する近似が悪い場合があります．例えば，最高占有軌道 (HOMO: Highest Occupied Molecular Orbital)

のそばにエネルギーの低い仮想軌道があるとエネルギー期待値の低い励起配置が存在することになり，基底配置と励起配置がエネルギー的に近接して擬縮退系を形成します．そのような場合，最低エネルギー期待値を与える単一の電子配置を決定するHartree-Fock法ではSCF計算の収束性が悪くなり，信頼性のある結果は得られません．電子状態を単一の配置で表すことが困難な場合は，「多配置性が強い」という言い方をします．電子基底状態において多配置性が強い場合には，エネルギー期待値の低い励起配置をあらかじめ基底配置との線形結合に組み込んだ多配置波動関数に対して分子軌道係数とCI係数を同時に決定する手法がとられます．この方法を，多配置SCF (Multiconfigurational SCF: MCSCF) 法と言います．エネルギー期待値の低い励起配置は，HOMO，LUMO (Lowest Unoccupied Molecular Orbital) 付近の軌道の組の中で作ることができます．この軌道の組は，活性空間 (active space) と呼ばれます．活性空間内で発生させたすべての電子配置を考慮にいれたMCSCF法を，CASSCF (Complete Active Space SCF) 法と言います．CASSCF法で考慮される電子配置は，活性空間に含まれる電子数nと軌道数mで決めることができるので，CASSCF(n, m)という略記がよく用いられます．

MCSCF法では，電子波動関数はすでに電子配置の線形結合で表されているので電子相関が一部考慮されていると言えますが，活性空間内で生成させた励起配置のみが考慮されているので，電子相関エネルギーの見積もりとしては不十分です．この不十分さは，MCSCF波動関数における電子を活性空間よりもエネルギーの高い外側の軌道 (external orbital) へ遷移させた励起配置を考慮することにより補うことができます．

多配置波動関数からさらに励起配置を生成して電子相関を見積もるアプローチは，多参照 (multireference) な方法と言います．MCSCF法で取り込まれる電子相関を静的電子相関，MCSCF波動関数からの励起配置を利用して見積もられる電子相関を動的電子相関と区別することがあります．静的電子相関は量子力学的共鳴に由来し，動的電子相関は電子の衝突に由来すると説明されることもありますが，両者の区別はMCSCF法における活性空間のとり方によって変わることからも分かるようにあくまでも概念的なものです．多参照な方法で動的電子相関を見積もる方法には，MR-SDCI (Multireference SDCI) 法 やMRMP2 (Multireference MP2) 法，CASPT2 (CAS 2nd-order Perturbation Theory) 法，NEVPT2 (N-Electron Valence state 2nd-order Perturbation Theory) 法などがあります．残念ながら，これらの方法はGaussianには実装されていませんが，GAMESSではMRMP2計算を，MolproではMR-SDCI, CASPT2, NEVPT2計算を行うことができます．

多配置に基づく方法では，1つの電子状態を複数の電子配置の線形結合で表しますが，同時に複数の電子状態を求めることも可能です．このように同時に複数の電子状態を求める方法は，多状態（multi-state）の方法と呼ばれます．MCSCF 法ではターゲットとする電子状態に対するエネルギー期待値が最小となるようにパラメータ（分子軌道係数，CI 係数）を定めますが，複数の電子状態を同時に求める場合には，ターゲットである各電子状態のエネルギー期待値をある指定した重みで加重平均したエネルギー値が最小となるようにパラメータを決定します．この方法は，状態平均（state-averaged: SA）MCSCF 法と言います．SA-MCSCF 法により得られる複数の電子状態に対して MR-SDCI 法や MRMP2 法，CASPT2 法でさらに動的電子相関を考慮すると，より定量的な多状態の波動関数およびエネルギー値を得ることができます．多状態に対する多参照摂動法には，MCQDPT（Multiconfigurational Quasi-Degenerate Perturbation Theory）法，MS-CASPT2（Multi-State CASPT2）法があります．

CASSCF 計算の計算時間は，活性空間が広がると指数関数的に増加してしまい，実際の計算では活性空間内の電子数として 16 程度が限界です．最近になって，重要な電子配置を縮約しながら軌道を順々に繰り込むことによって計算時間の指数的増加を回避する密度行列繰り込み群（Density Matrix Renormalization Group: DMRG）法が量子化学計算にも用いられるようになりました．これにより，44 電子 35 軌道というこれまででは考えられない大きさの活性空間に対する CASSCF 計算が可能となっています [2]．一般的に用いられている量子化学計算プログラムにはまだ実装されていませんが，次世代の量子化学計算法として現在注目を集めています．

[1] 藤永茂，分子軌道法（岩波書店，1980），pp.131-147.
[2] Y. Kurashige, G. K.-L. Chan, T. Yanai, *Nat. Chem.*, **5**, 660 (2013).

A3. 基底関数とは何ですか？

分子軌道と原子軌道

A2で述べましたが，分子軌道法では，多電子系に対するSchrödinger方程式を解く上で近似的な概念である分子軌道を導入し，多電子波動関数を1電子波動関数である分子軌道から構築していきます．基底関数とは，この分子軌道を表現する際に基底として用いられる関数であり，基底関数のセットを基底系（basis set）と呼びます．分子軌道 ψ_i は，基底関数 φ_μ の線形結合の形で表現されます．

$$\psi_i(\mathbf{r}) = \sum_{\mu=1}^{N} C_{\mu i}\varphi_\mu(\mathbf{r}) \tag{1}$$

ここで $C_{\mu i}$ は i 番目の分子軌道に対する μ 番目の基底関数の寄与を示す分子軌道係数であり，分子軌道計算を行った結果として得られるものです．また，$\mathbf{r}$ は電子の位置座標，N は基底関数の総数とします．(1) 式は一般に近似式ですが，基底関数の総数 N を増やしていくとその精度は上がっていき，右辺の展開式は正確な分子軌道に収束していきます．ただし N を増やしていくと計算コストも大きくなりますので，少ない数で分子軌道関数を精度良く表現できるような基底系が望ましいわけです．分子は複数の原子から構成されていることから，分子軌道（MO）を構成原子の原子軌道（AO）を用いて表現することは自然なことでしょう．MOをAOの線形結合（linear combination）で表す考え方は，LCAO-MO（Linear Combination of Atomic Orbitals-Molecular Orbital）法と呼ばれます．この考え方のもと，基底関数は原子ごとに用意され，分子系の計算においては各原子上に各原子の基底関数をおいて分子軌道を求めることになります．

基底関数の決め方

それでは原子ごとに用意される基底関数はどのようにして決められるのでしょうか．まず，基底関数を決める上での指針について簡単に紹介しましょう．原子について，Schrödinger方程式が解析的に解けているのは水素原子のみであり，その関数形は指数関数の形（$\exp(-\zeta r)$）で表されます．ここで ζ は軌道指数と言い，電子の広がり具合を表現します（ζ が小さいほどより広がった関数を表します）．指数関数そのものはs型の関数を表し，これに x, y, z がかかるとそれぞれ p_x, p_y, p_z 型の関数になります．多電子原子では電子間相互作用があるため厳密には原子軌道というのは近似的概念ですが，同じ電子ですから基本的には水素原子の電子波動関数と同じような広がり方を示すはずです．そこで，水素原子の波動関数と同じ関数形を一般の原子に対する原子軌道関数として用います．多電子原子の原子軌道は提案者の名前にちなんで Slater 型軌道（Slater Type Orbital: STO）と呼ばれています．基底関数としてこの STO を用いれば話はすっきりするのですが，実際の分子軌道計算ではコストを軽減するために STO をさらに Gauss 型軌道（Gaussian Type Orbital: GTO）の線形結合で近似したものを用いています．Gauss 型軌道は $\exp(-\alpha r^2)$ という形で表されます．各原子軌道に基底関数を 1 つずつ割り当てる最小基底系で最も有名な基底関数として，Pople が提案した STO-3G がありますが，この基底は，1 つの基底関数を 3 つの GTO の線形結合で表したものです．

$$\varphi^{\mathrm{STO}}(\mathbf{r}) = \sum_{i=1}^{3} c_i \exp(-\alpha_i r^2) \tag{2}$$

このように複数の Gauss 型軌道の線形結合で基底関数を表現することを縮約（contraction）と言い，縮約に用いられる Gauss 型軌道を原始 Gauss 型軌道（primitive GTO: PGTO）と呼びます．c_i, α_i はそれぞれ縮約係数，軌道指数と呼ばれ，基底関数の振舞いを決定するパラメータです（これらは分子軌道計算においては固定されます）．これらパラメータについては，(1) 原子に対して定義された STO をできるだけ再現するように決める，あるいは (2) Hartree-Fock エネルギーをできるだけ低くするように決める，という 2 つの指針がありました．90 年代に入って電子相関を考慮した計算が普通に行われるようになってくると，電子相関を含めたエネルギーが低く見積もられるように基底関数のパラメータを決める手法が主流になっています．また，最近では，重原子に対する基底系として，相対論効果を考慮してパラメータが決められたものも提案されています．

基底関数の構造

例えば，酸素原子の電子基底状態の電子配置は，$(1s)^2(2s)^2(2p)^4$ ですので，1s 軌道，2s 軌道，2p 軌道を表す関数が必要になるでしょう．これらの軌道にそれぞれ 1 つの関数（p 軌道には p_x, p_y, p_z の 3 つ）を割り当てたものが，上で述べた最小基底系（minimal basis set）です．酸素原子の STO-3G 基底は，1s, 2s 軌道に対して各 1 つずつの縮約 Gauss 型軌道（CGTO）と 2p 軌道に対する 3 つの CGTO（各 $2p_x$, $2p_y$, $2p_z$ 用に対応）の 5 つからなります．また，それぞれの CGTO は 3 つの PGTO で表されるので，15 個の PGTO があります．水分子に STO-3G 基底を使った場合，これらの数は Gaussian の出力ファイルに

```
7 basis functions,    21 primitive gaussians,    7 cartesian basis functions
```

のように出力されます．始めの7がCGTOの数で，次の21がPGTOの数です．3つ目のcartesian basis functionsは，s関数は1個，p関数は3個 (x, y, z)，d関数は6個 ($x^2, y^2, z^2, xy, yz, zx$)，f関数は10個 ($x^3, y^3, z^3, x^2y, xy^2, y^2z, yz^2, z^2x, zx^2, xyz$) のようにカウントして総和を出したものです．これらの関数は本来は球面調和関数に由来するので，s, p, d, fはそれぞれ1, 3, 5, 7個となります．分子がd関数やf関数を含み，球面調和関数型の関数を用いると，basis functionsの数はcartesian basis functionsの数よりも小さくなります．計算コストを主に決めるのはbasis functionの数ですので，計算を行う場合にはこの数を意識しておくことを勧めます．

基底関数の拡張と計算精度

しかし，最小基底ではほとんど定量性は期待できず，そのため，各AOに複数の関数を割り当てて軌道の伸縮を表現できるように拡張した基底系を用います．1つの軌道に2つ割り当てるものをdouble-zeta (DZ) 基底，3つ割り当てるものをtriple-zeta (TZ) 基底，4つ割り当てるものをquadruple-zeta (QZ) 基底と呼びます．多くの場合，内殻の電子は化学結合にあまり大きく関与しないので，価電子の軌道 (valence orbital) についてだけ拡張したsplit valence基底が使われ，VDZ, VTZ, VQZなどと表記されます．VDZとしては，3-21G基底，4-31G基底，6-31G基底，VTZとしては6-311G基底がよく使われています．例えば，6-31Gは，内殻部分は6つのPGTOで1つのCGTOを表し，価電子部分は3つのPGTOからなるCGTOと1つのGTOによる2つの関数で構成されています．

実際は，このような拡張だけでは十分な計算精度を得ることはできません．分子を形成している原子の回りの電荷分布は，球対称ではなくなっていますので，この効果を考慮するために分極関数 (polarization function) を加えます．DZ基底に分極関数を加えたものをDZP基底，TZ基底に加えたものをTZP基底などと呼びます．分極関数としては，価電子軌道より角運動量量子数の大きい関数が加えられます．例えば，酸素原子では，d型の関数が加えられます．さらにf型関数を加えることもあります．6-31G基底で，水素原子以外の原子にd型の分極関数を加えるには6-31G (d) と表記し，水素原子にもp型の分極関数を加えたときには6-31G (d,p) のように表します．6-31G (d) や6-31G (d,p) は6-31G* や6-31G** と指定することもできます．6-311G (3df,3pd) は，水素原子以外の原子には3つのd型と1つのf型の分極関数，水素原子には3つのp型と1つのd型の分極関数を加えることを意味します．なお，Gaussianでは，6-31G (d) 基底などについてはd型関数はデフォルトでは6つ加えられます．球面調和関数の5つを加えるようにするには5Dと指定します（デフォルトは6Dと指定したことと同じになります）．f型関数に対しては，7Fまたは10Fが指定できます．

上で紹介したもの以外に，近頃広く使われている基底系にDunningらのcorrelation consistent basis setがあり，cc-pVXZ（Xの部分はD，T，Q，5，6）と指定することで利用できます．この基底系には分極関数が含まれており，cc-pVTZ基底はTZP基底の質に相当します．この基底系は球面調和関数を使用することを前提にパラメータが最適化されているので，Gaussianではデフォルトで5Dとして扱われます．中程度の系ではDZPからTZP程度の質の基底系を使うことが多いようです．

アニオンの計算と分散基底関数

負の電荷を帯びたアニオンや分極しやすい酸素や窒素原子が含まれる場合，原子核からより離れた領域まで電子分布の広がりを考慮する必要があります．そのような場合の量子化学計算では，空間的に広がった（軌道指数αが小さい）関数を加える必要があります．このような関数は，分散関数（diffuse function）と呼ばれます．分散関数はvan der Waals結合や水素結合のような弱くて結合長の長い結合や，電子励起状態の計算においても重要になることがしばしばあります．6-31Gなど，a-bcGタイプの基底系に分散関数を加える場合は，+記号を指定します．例えば，6-31G基底に対し，水素原子以外の原子に分散関数を加えるには6-31+G，水素原子にも加えるには6-31++Gと指定します．6-31G基底で水素原子も含めて分極関数，分散関数とも加えるには6-31++G（d,p）のように指定します．

correlation consistent basis set用にも分散関数が用意されており，aug-cc-pVDZのようにaug-をつけて指定することで利用できます．このaug-cc-pVXZ基底系には，元になる基底系cc-pVXZに含まれているすべての角運動量量子数の分散関数が加えられます．例えば，酸素原子に対するcc-pVDZ基底にはs型，p型，d型関数が含まれているので，aug-cc-pVDZ基底には，指数の小さいs型，p型，d型関数が加えられます．

実際のアニオンの計算では，基底関数に分散関数を加えただけでは不十分で，質の良い基底系を使って電子相関を精度よく見積もる方法を用いなければ，定量的に信頼できる結果は得られません．このことは，電子励起状態の計算についても同様です．また，電子数の多い金属原子に対しては，内殻電子については価電子に対するポテンシャルで置き換える方法（effective core potential, ECP）がしばしば使われますが，これについてはD6で述べます．各基底系はすべての原子に対して用意されているわけではないことに留意してください．Gaussianに用意されていない基底関数を使ったり，原子ごとに異なる基底系を用いて計算する方法はC7を参照してください．

A4. 密度汎関数法は分子軌道法とどこが違うのですか？

密度汎関数法

計算化学分野では，最近，密度汎関数法（Density Functional Theory: DFT）がよく使われるようになりました．年間に発表される論文数において，DFT 計算に基づく論文数は，ここ数年の間に *ab initio* 分子軌道法計算に基づく論文数を追い抜き，その差を広げつつあります．DFT 自体は古くからありましたが，*ab initio* 分子軌道法に比べると精度が低く，汎関数に経験的な側面があったために，分子系に対してはあまり用いられてきませんでした．しかし，分子軌道法プログラムとしては最も広く使われている Gaussian シリーズの Gaussian94 に B3LYP 汎関数に基づく DFT 計算のコードが組み込まれ，低コストでかなり精度の高い結果を与えることが示されてから，入力の簡単さもあって広く使われるようになりました．本項目では，分子軌道法と DFT の違いについて概観してみましょう．

量子力学において，波動関数の値は確率振幅を表しています．波動関数の値を 2 乗すると（複素共役との積をとると），確率密度となります．N 電子波動関数の場合，波動関数は $3N$ 個の電子座標の関数ですので，そのまま 2 乗すると，各電子が与えられた空間位置に見出される確率密度を表すことになります．確率ですので，各電子の座標について確率密度を積分すると積分値は 1 となる必要があります．これが波動関数の規格化条件の由来です．波動関数を決定する方程式は Schrödinger 方程式です．Schrödinger 方程式を解くと，エネルギー演算子（ハミルトニアン）の固有関数として電子波動関数が求まり，固有値として系の電子エネルギーが定まります．多電子波動関数の Schrödinger 方程式に対し，独立電子近似を適用して 1 電子波動関数（分子軌道，原子軌道）を導入した理論体系が分子軌道法です．分子軌道法では，次の Hartree-Fock 方程式が出発方程式となります．

$$\left(-\frac{1}{2}\nabla^2 - \sum_{A=1}^{M}\frac{Z_A}{r_A} + \sum_{j=1}^{n}(J_j - K_j)\right)\psi_i(\mathbf{r}) = \varepsilon_i \psi_i(\mathbf{r}) \quad (1)$$

ここで左辺括弧内の第 1，2 項はそれぞれ電子の運動エネルギー，核からの Coulomb 引力の演算子，第 3 項の J_j，K_j はそれぞれ電子間の Coulomb 反発および交換演算子であり，ψ_i，ε_i はそれぞれ i 番目の分子軌道とその軌道エネルギーです．Hartree-

Fock 方程式を解くことにより独立電子近似のもとで正確な解を得ることができます.

より厳密な解を得るためには，電子相関エネルギーをいかにして見積もるかが次の課題になります．分子軌道法の枠組みで電子相関エネルギーを見積もる方法はA2でいくつか紹介しましたが，いかに計算コストをおさえて高精度な結果を出すかが重要なポイントとなります.

一方，DFTでは3次元空間座標 $\mathbf{r} = (x, y, z)$ の関数として定義される電子密度 $\rho(\mathbf{r})$ が重要な役割を果たします．ここで電子密度とは，空間位置 $x \sim x + dx$, $y \sim y + dy$, $z \sim z + dz$ に存在する電子の数であり，x, y, z により全座標領域で積分すると系の全電子数になります．Hohenberg と Kohn は，電子密度さえ決まれば系の基底状態における電子エネルギーが確定することを証明しました．ここで，系の電子エネルギーとは，Schrödinger 方程式の解であるエネルギー固有値であり，電子の運動エネルギー，Coulomb エネルギー，交換エネルギー，相関エネルギーの和になります．電子密度は空間座標の関数であり，各エネルギー項はさらに電子密度の関数ですので，関数の関数という意味でエネルギーは電子密度の汎関数 (functional) である，という言い方をします．ここで重要なことは，Hohenberg と Kohn が証明したのは電子密度が与えられれば系のエネルギーが確定するという定理であり，各エネルギー項の汎関数に対応する具体的な関数形を導いたわけではない点です.

電子相関エネルギー

DFTでは，上述の定理に基づき，様々な汎関数が提案され，用いられてきました．ここでは分子軌道法とDFTの違いに焦点を当てていますので，汎関数の改良の歴史についてはDFTの専門書 [1,2] に譲ることにします.

分子軌道法における基礎方程式は Hartree-Fock 方程式でした．一方，分子系に対して用いられているDFTでは，以下の Kohn-Sham 方程式が基礎方程式となります.

$$\left(-\frac{1}{2}\nabla^2 - \sum_{A=1}^{M} \frac{Z_A}{r_A} + \int \frac{\rho(\mathbf{r}')}{|\mathbf{r} - \mathbf{r}'|} d\mathbf{r}' + V_{\mathrm{XC}}(\mathbf{r}) \right) \psi_i(\mathbf{r}) = \varepsilon_i \psi_i(\mathbf{r}) \qquad (2)$$

ここで括弧内の第3項は電子間の Coulomb 反発演算子，V_{XC} は交換・相関演算子を表しており，ψ_i は Kohn-Sham 軌道，ε_i は対応する軌道エネルギーです．電子密度 $\rho(\mathbf{r})$ は，Kohn-Sham 軌道により以下のように計算されます.

$$\rho(\mathbf{r}) = \sum_{i=1}^{n} \psi_i(\mathbf{r})^* \psi_i(\mathbf{r}) \qquad (3)$$

(1) 式，(2) 式を比較すると，両者の違いは交換演算子の形式と相関演算子の有無にあることが分かります．V_{XC} の正確な形が分かっていて (2) 式を解くことができれば，(3) 式より得られる電子密度により，電子相関エネルギーを含めた正確な電子エネルギーが得られます．しかし上に述べたように，電子密度の汎関数としての交換・相関エネルギーの正確な形は分かっておらず，同様に交換・相関演算子の形も導かれたわけではないので，近似的なものを使うことになります．分子軌道法のスキームに比べ，(2) 式を解くだけで電子相関エネルギーも見積もることができるので，計算コストの点では DFT は非常に魅力的なアプローチであると言えます．

項目 A2 で説明しましたが，電子相関には静的なものと動的なものがあり，Hartree-Fock 計算から出発する 1 つの電子配置に基づく方法論では静的電子相関は見積もることができません．Kohn-Sham 方程式も Hartree-Fock 方程式と同型の方程式ですから DFT は単一電子配置に基づいた方法ということができ，静的電子相関の見積もりが重要な系に対しては原理的に不向きです．実際の計算においてはある程度は対応できるようですが，静的電子相関の寄与が大きい遷移状態の記述は精度が悪くなり，反応障壁は過小評価される傾向があります．また，DFT 計算で得られる伸縮振動モードの調和振動数は一般に過小評価され，そのために，非調和効果の含まれた基本振動数の実測値に近い値をとることが知られています．さらに，DFT では分散力に由来する van der Waals 相互作用の記述が困難であることが知られていますが，それらを改善する新しい汎関数も研究されています．

実際の分子軌道法あるいは DFT 計算では，1 電子波動関数である軌道関数を表すのに基底関数が使われます．Hartree-Fock 方程式を解くと電子が詰まる占有軌道と同時に仮想軌道が求まりますが，分子軌道法で電子相関エネルギーを見積もる方法では，占有軌道から仮想軌道への励起配置を利用します．仮想軌道の数は基底関数の数とともに増えていきますので，(動的) 電子相関エネルギーは基底関数の数に対してなかなか収束しないことが分かっています．

一方，DFT では占有軌道で決まる電子密度に基づいて電子相関エネルギーを見積もるので，分子軌道法に比べると基底関数に対する収束が速くなります．同じ理由で，2 つの系の相互作用エネルギーを見積もるときに問題になる基底関数重ね合わせ誤差 (BSSE, E2 参照) においても，DFT では分子軌道法に比べて収束が速いのが特徴です．

交換・相関汎関数の形

DFT で用いられる汎関数としては様々なものが提案されておりユーザーとしては選択に迷うところです．ここでは，DFT 計算に用いられる汎関数の概要について簡単にまとめてみましょう．

DFT では，初期に Slater により局所密度近似 (Local Density Approximation: LDA)

に基づく交換汎関数が提案され，Xα法が定式化されました．LDAでは電子密度は空間的に一様なものとして取り扱われていましたが，分子系における電子密度はもちろん一様ではないので，その後，電子密度の導関数による補正を施した勾配補正法(Generalized Gradient Approximation: GGA)に基づく汎関数がより定量的なものとして用いられるようになりました．例えば，分子系のDFT計算でよく目にするBLYP法では，交換汎関数としてGGAに基づくBeckeの交換汎関数Bが用いられており，相関汎関数としてLee，Yang，ParrによるLYP汎関数が用いられています(このように，DFTでは交換汎関数と相関汎関数を組み合わせた名称が用いられます)．また，分子系の計算で最もよく用いられているB3LYP法では，交換汎関数としてB3が用いられているわけですが，これはBeckeの混成法による交換汎関数であり，LDAおよびBeckeのB汎関数にHartree-Fockの交換エネルギーを線形に組み合わせて導かれたものです．GGAに基づく交換汎関数としては，その他にPerdewとWangによるPW91やその修正版であるmPW，Perdew，Burke，ErnzerhofによるPBEなどがあります．

相関汎関数はXα法では考慮されませんでしたが，一様電子ガスに対してLDA近似のもと決められた相関汎関数として，Vosko，Wilk，NusairによるVWN汎関数があります．しかしこの汎関数は電子のカスプ条件を考慮しておらず，分子系の計算にはあまり適していません．分子系の計算では，GGAと同じ密度勾配を用いて電子のカスプ条件を満足するようにしたLYP汎関数や，常田-平尾により開発されたOP(One-parameter Progressive)汎関数があります．その他のGGA相関汎関数としては，PerdewによるP86，PerdewとWangによるPW91，Perdew，Burke，ErnzerhofによるPBEなどがあり，Gaussian，GAMESSにそれぞれその一部が実装されています．

さらに最近では，GGAに運動エネルギー密度による補正を加えたメタGGA汎関数が開発され，高精度化が進んでいます．代表的なメタGGA交換汎関数としては，Tao，Perdew，Staroverov，ScuseriaによるTPSS汎関数や，TruhlarらによるM06汎関数シリーズなどがあります．また，電子間距離に応じてHartree-Fock交換の混成比率を変えるrange-separated汎関数が開発され，特に常田-平尾により提案された長距離補正(LC)汎関数がDFTの多くの欠点を解決するとして，多くのプログラムに取り入れられています(［2］の6.1節参照)．

交換汎関数，相関汎関数をどのように組み合わせて用いるかについては，同じ研究者により開発されたものがある場合には，バランス上，ペアで用いたほうが良いように思われます．電子状態の多配置性が強い，あるいは弱い結合を含むなど特殊な系に適用するのでなければ，GGAに基づく交換汎関数と上に挙げた分子用の相関汎関数を用いる限りは得られる結果にあまり大きな違いはなく，Hartree-Fock 計算と同じオーダーのコストで比較的高精度な結果を得ることができます．平均的に考えますと B3LYP 法が最も精度の高い結果を与えますので最もよく用いられていますが，van der Waals 力による弱い結合を含む場合には B3LYP 法は破綻します．van der Waals 力が重要な寄与を持つ系の計算には，電子密度から各原子の分極率を見積もって分散力を計算する局所応答分散力（LRD）法（GAMESS で計算可）や，経験的パラメータを用いて補正を行う方法（Gaussian では EmpiricalDispersion キーワードで指定可）を用いるのが適切です．また，M06-2X 汎関数（Gaussian のキーワードでは M062X）など，このような系の記述に適していると言われている汎関数もあります．特殊な対象系については，いくつかの汎関数を試して結果を比較することが必須と言えますし，可能であれば，小さなモデル系に対して高精度な *ab initio* 分子軌道法を適用して DFT 計算の結果の信頼性を確認するという戦略も必要になるでしょう．

理論的にはまだいくつか問題は残っていますが，分子系をターゲットとした DFT は理論的側面において近年急速に進展し，分子軌道法に対してより低い計算コストで比較的精度の良い結果を与える手法としてその地位を確立したと言えます．近年の傾向では，中規模程度の系では，構造最適化を DFT で行い，得られた構造でのエネルギー計算を CCSD（T）のような高精度な *ab initio* 計算で行う，といった使い方も広く見られるようになりました．より大規模な系に適用可能な方法論として，今後ますます DFT の需要は大きくなっていくと考えられます．

[1] R.G. パール，W. ヤング，原子・分子の密度汎関数法（丸善，1996）.
[2] 常田貴夫，密度汎関数法の基礎（講談社，2012）.

A5. 量子化学計算では核の運動や温度はどうなっているのですか？

分子軌道計算では原子核は止まっています．厳密に言えば，核電荷が作る静電場のもとで電子の Schrödinger 方程式を解いています．多くの化学者にとって原子が止まっている分子を想像するのは気持ち悪いでしょうが，そんなモデルでも重要な化学的知見が得られます．例えば，平衡構造，双極子モーメント，分極率，電子遷移エネルギー，吸収強度などです．平衡構造が得られる理由は後述しますが（C1, C2），分子中の電子に関する物理量が求まるのは直感的に分かると思います．

逆に言えば，核の運動に関連した物理量は分子軌道計算では直接求められないということになります．具体的には，振動数，熱力学量，反応の速度定数，分岐比などです．分子軌道計算は絶対零度における分子の状態を求めていることに対応しますから，温度依存性も直接は求まりません．このような物理量を求めることは，核の運動を考慮した「動力学理論」の範疇に入ります．

化学において，振動数・熱力学量は特に重要な物理量です．もし，これらが得られなければ，計算パッケージ（商品）としての魅力は半減すると言っても過言ではありません．そのため，多くの量子化学計算パッケージは調和近似によりこれらを求めるオプションを備えています．ここで重要なのは，動力学理論と分子軌道理論の両方に近似が採用されていることです．つまり，分子軌道計算に最高レベルの手法・基底関数を用意しても，調和近似が粗いため実験との対応が十分に説明できない場合があることは念頭に置く必要があります．これについては C4, C5, E1 でさらに詳述します．

歴史的には，1927 年に Born と Oppenheimer が，分子中の電子と核の波動関数が近似的に分離できることを提案したのをきっかけとして，理論化学では電子を扱う電子状態理論と核を扱う動力学理論がそれぞれ異なる分野として歩み出しました．分子軌道理論の大きな成功は広く知られている通りですが，動力学理論でも多くの方法論開発が行われてきました．今世紀に入り，電子状態理論と動力学理論を再び融合する試みが始まっています．さらに，Born-Oppenheimer 描像の破れが最先端研究のホットトピックスとなっています．

A6. 並列計算について教えてください

コンピューターはいくつかの中心的部品から成っていますが，中でも中央演算装置（CPU）はデータの計算・加工を行う心臓部品です．パソコン（PC）では例えばIntel社のCeleronやCore i7シリーズなどがそうですが，CPU性能がPCの性能をほぼ決定することを実感されている方は多いでしょう．CPUはPC向けの数万円のものからサーバー用の数十万円のものまで，値段・性能は実に様々です．一昔前（80〜90年前半）までは量子化学計算は計算負荷が非常に重く，専用の大型計算機でなければ手に負えない，というのが一般的な認識でした．しかし，驚くべきことに，現在では専門家から見ても質の高い量子化学計算がPCでも手軽に実行可能な時代になっています．計算機の高速化・低価格化は量子化学を始め計算科学全体に大きな変化をもたらしています．特に，ここ数年発達を続けているマルチコアCPUは並列計算による高速化を実現しています．

並列計算とは，例えば$\mathbf{a} = \mathbf{b} + \mathbf{c}$という3次元ベクトルの計算をする際に，1コアでは$a(i) = b(i) + c(i)$を$i = 1, 2, 3$に対して3回の演算が必要ですが，3コアに$i = 1, 2, 3$を割り振ればそれぞれ1回の演算ですみ，計算速度は元の3倍になります．このようにCPUやコアを複数組み合わせた計算手法を並列計算と呼びます．

Gaussianでも簡単に並列計算を利用することができます．まず，単一のノードで並列計算をする場合は，%NProcShared=nというオプションをルートセクションの前に追加します．ここでnは計算に用いるコア数です．当然ですが，ノードが持っている総コア数（CPU×コア）を超えて指定する意味はありません．複数のノードを利用する場合は，別途Lindaという並列計算環境を提供するソフトウェアが必要です．そのうえで，%LindaWorkersにホスト名を指定します．%NProcSharedと併用すると，

```
%NProcShared=8
%LindaWorkers=boo,foo
```

という指定では，8コアのプロセスがbooとfooというホストで走り，計16個のコアを使うことになります．なお，G03では%NprocLindaというオプションが用いられていましたが，G09からは%LindaWorkersの使用が推奨されています．Gaussianのホームページに詳細があるので，こちらも参考にしてみてください（http://www.gaussian.com/g_tech/g_ur/m_linda.htm）．

Gaussianのアウトプットの最後に出るJob cpu time:に書かれている時間は総CPU

使用時間で，実時間とは違います．実時間でパフォーマンスを知りたいときは，

```
(time g09 < input ) >& output
```

のようにtimeコマンドを用いると，アウトプットの最後に実時間が出力されます．

以上は基本的な説明ですが，計算機センターなどを利用する場合は並列計算について独自のルールを設けているところも多いので，そちらの注意事項にも留意してください．

さて，数年前までは，研究室レベルで考えられるのはせいぜい数個から10個程度のCPUを用いた並列化でしたが，現在（2014年），18コアを持つCPUが登場しており，数百コアの計算資源は当たり前になりつつあります．すると，Gaussianの計算は100倍速くなるのでしょうか？

残念ながら，筆者の経験では，計算方法や基底関数の種類と数にもよりますが，10～50コアの間で計算時間が飽和します．パフォーマンスが伸びないのは，必ずしも演算が先の例のように分割できるとは限らないからです．例えば，$a(1) = 1, a(2) = b(2) + a(1), a(3) = 2b(3) + a(2), \cdots$のように前の演算が後に続く演算に依存する場合，各コアに演算を割り振ることができず，逐次的に演算するしかありません．この事情から，並列計算はメインと計算を手伝うコアにより（図1のような流れで）実行されます．並列性のない部分はメインで実行し，この間は1コアで計算するのと何も変わりません（他のCPUは休憩）．並列性のある部分まで進むと，他のコアはメインから必要なデータ提供を受け，演算を実行し，結果をメインへ返します．そして，再び並列性のない部分をメインで実行する過程へと戻ります．

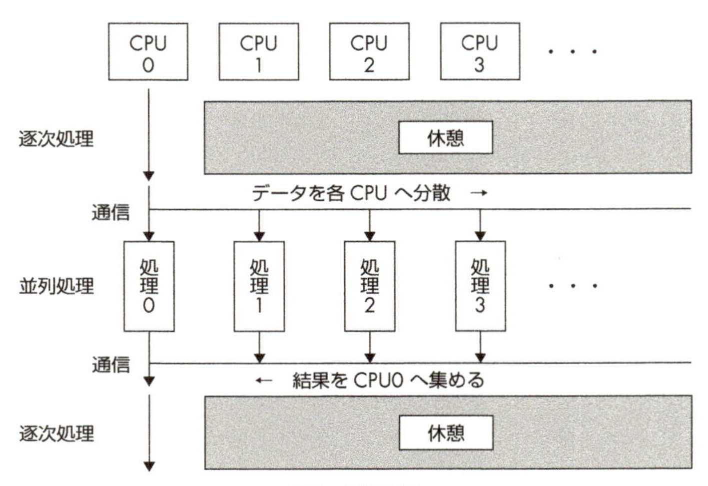

図1　並列処理

このような並列計算の仕様を見ると，N個のコアを用いても必ずしも計算速度がN倍にならないことが容易に理解できると思います．例えば，計算プロセスの80%に並列性があっても，8コアを用いたときの計算速度は並列性のある部分は10%となりますが，並列性のない部分は20%のままなので，1コアの場合の30%，つまり3.3倍にしかなりません．逆に，100コアで100倍の速度を得るには，計算プロセス全体の99%以上に並列性がないといけません．つまり，数百，数万コアの資源を使いこなすには，はじめから並列計算を意識したデザインとコーディングが必要です．さらにNVIDIA社のGPGPUやIntel社のPhiのような拡張ボードも，並列性のある部分を分担して加速する機器として，普及しつつあります．このようなハードウェアの発展に対応した新しいソフトウェアの台頭が今後進むことが予想されます．

A7. スパコン「京」での量子化学計算について教えてください

2011年6月と11月に発表された世界のスパコンTop 500ランキングで，日本のスパコン「京」が1位を獲得したことをご記憶の方は多いかと思います．スパコン「京」は，1秒間に1京(10^{16})回の浮動小数点演算を実現し，現在では化学・材料科学をはじめ生物学，医薬学，地球科学，基礎物理学や産業など多彩に利用されています．

最近のスパコンは，独立したOSが走っているノード(PC 1台に相当)をネットワーク接続したクラスター型が主流です．「京」もやはりクラスター型ですが，通常のPC，ワークステーションや他のスパコンとはかなり異なった構成となっています．まず大きな違いはその規模で，88,128という膨大な数のノードが一体となって稼働しています．このノード数の通信を効率的に行うために，6次元メッシュトーラスネットワーク(通称Tofu)という独自のインターコネクトが採用されています．また，各ノードに搭載されているCPUには，現在多くのスパコンでIntelのプロセッサが採用されている中，省電力性に優れた独自のプロセッサSPARC64 VIIIfxが採用されています．

このように「京」はユニークな性能を持っているため，普通のワークステーションで使われているGaussianのようなソフトウェアを動作させることも原理的には可能ですが，超並列計算に特化した，あるいは「京」専用にチューニングが施されたプログラムを利用することでその真価を発揮します．量子化学計算プログラムも，「京」で用いることを前提に作られたプログラムがいくつかあります．

SMASH: http://sourceforge.net/projects/smash-qc/
NTChem: http://labs.aics.riken.jp/nakajimat_top/ntchem_j.html

上に挙げたプログラムはGaussianやGAMESSと同様，Gauss型基底関数を用いた *ab initio* 量子化学計算プログラムです．「京」を利用して非常に大きな計算を実行する場合には，これらを利用することをまず検討するべきです．SMASHはソースプログラムが公開されており，どのコンピュータにもインストールして利用することができます．NTChemは「京」の他，岡崎市の計算科学研究センターのスパコンでも利用することができます．

他にも，関連した以下のようなプログラムを「京」では利用することができます．

OpenMX（数値基底第一原理計算）
RSDFT（実空間密度汎関数計算）

「京」の他，国立9大学のスパコンなどが構成するHPCI（ハイパフォーマンスコンピューティングインフラ）は，毎年秋に，これらを利用する次年度の課題の募集を行っています．特に「京」の利用を検討している場合は，事前に十分な課題の検討が行われているか厳しく審査されます．岡崎市の計算科学研究センターなどで予備計算を行い，プロダクトランでどの程度の性能が必要とされるのか予め綿密な検討を行ってから，課題提案をする必要があります．

B 量子化学計算を始めてみよう

B1. 量子化学計算を試してみたいのですが

近頃は高性能なパソコン（PC）が安く入手できるようになり，パソコンでも実用的な分子軌道計算ができるようになってきました．本書で紹介している量子化学計算プログラムのGaussianやGAMESSもパソコン（OSはLinux, Windows, MacOS）で使用できます．自分の計算環境を整える前に，量子化学計算を試してみたい場合は，共同利用施設を利用するとよいでしょう．代表的なものには，

自然科学研究機構　岡崎共通研究施設 計算科学研究センター

https://ccportal.ims.ac.jp/

があります．国・公・私立大学や国・公立研究所等の研究機関に所属していれば利用できるでしょう．この計算科学研究センターの計算機には，GaussianやGAMESS以外にMolpro, Molcas, NTChem, PSI, TURBOMOLEといった量子化学計算プログラムも用意されています．また，スーパーコンピュータを使えば，パソコンでは困難な大規模計算を高速に行うことができます．センターの概要や利用に関する情報は，上記URLから入手することができます（2014年10月現在）．ここ以外にも，７つの国立大学の旧大型計算機センターが共同利用施設として設置されています（有料なところもあります）．これらのセンターの利用については以下のURL（2014年10月現在）を参照してください．括弧内は利用可能な量子化学計算プログラムです．

北海道大学情報基盤センター（Gaussian）　http://www.iic.hokudai.ac.jp/
東北大学サイバーサイエンスセンター（Gaussian）　http://www.cc.tohoku.ac.jp/
東京大学情報基盤センター（Gaussian）　http://www.cc.u-tokyo.ac.jp/
名古屋大学情報基盤センター（Gaussian, GAMESS, ADF）　http://www2.itc.nagoya-u.ac.jp/
京都大学学術情報メディアセンター（Gaussian）　http://www.media.kyoto-u.ac.jp/ja
大阪大学サイバーメディアセンター（Gaussian）　http://www.cmc.osaka-u.ac.jp/
九州大学情報基盤研究開発センター（Gaussian, GAMESS, Molpro）　http://ri2t.kyushu-u.ac.jp/

また，Gaussianシリーズについては他にも多くの大学の計算機センターで利用できます．講習会を行っているところもありますので，適宜参加するのもよいでしょう．

B2. どのような量子化学計算プログラムがありますか？

現在公開されている量子化学計算プログラムは，無料のものから有料のものまで，数十種類存在します．下記に無料ソフトウェアと有料ソフトウェアに分けて挙げました．本書で取り上げるGaussianは有料で，GAMESSは無料です．

無料ソフトウェア

GAMESS	http://www.msg.ameslab.gov/gamess/
MPQC	http://www.mpqc.org/
Dalton	http://www.daltonprogram.org/
COLUMBUS	http://www.univie.ac.at/columbus/
NWChem	http://www.nwchem-sw.org/
PSI4	http://www.psicode.org/
CFOUR	http://www.cfour.de/
ACES III	http://www.qtp.ufl.edu/ACES/
ORCA	http://cec.mpg.de/forum/
SMASH	http://smash-qc.sourceforge.net/

有料ソフトウェア

Gaussian	http://www.gaussian.com/
Molpro	http://www.molpro.net/
Molcas	http://www.molcas.org/
Q-Chem	http://www.q-chem.com/
Spartan	http://www.wavefun.com/
Jaguar	http://www.schrodinger.com/
ADF	https://www.scm.com/
TURBOMOLE	http://www.turbomole.com/
PQS	http://www.pqs-chem.com/

初心者が使うのであれば，WindowsやMacintosh上で動作するGaussianやJaguarやSpartanを強く推奨します．これらのソフトはすべて有料（値段は10万円から230万円）ですが，グラフィカルなインターフェイス（GUI）がついていますし，インストールはLinuxベースのものから比べると格段に楽です．

B3. Gaussianについて教えてください

Gaussianの概要

Gaussianは Pople らによって開発されたプログラムで，Gaussian, Inc. で販売管理されています．日本国内では，代理店である㈱ヒューリンクス（http://www.hulinks.co.jp）や㈱菱化システム（http://www.rsi.co.jp），または HPC システムズ㈱（http://www.hpc.co.jp）から購入が可能です．

Gaussianでは分子の電子状態を，Hartree-Fock 法，密度汎関数法（Density Functional Theory: DFT），MP 法（Møller-Plesset perturbation theory），CC 法（Coupled Cluster theory）などで計算することができます．また，構造最適化や振動解析，PCM 法などによる溶媒効果，時間依存密度汎関数法（Time-Dependent DFT）や SAC-CI 法による励起状態の計算など，様々な分光学定数の算出が行えます．さらに，ONIOM 法などを用いることで巨大な分子を少ない計算コストで精度良く計算することもできます．周期的境界条件を用いた高分子，表面や結晶の計算もサポートしています．

また，並列計算用のソフトウェア TCP Linda を別途購入することで，共有分散型の並列計算が可能です．Gaussian03 以降ではマルチスレッド化を用いた共有型の並列計算と TCP Linda を使った並列計算を同時に行うことができます．加えて，TCP Linda を使った並列計算では非対称なコンピュータ間，つまり，性能の異なるコンピュータ間での並列計算も可能です．しかし，ノード数を増やした時の並列化効率の低下は激しいので，大規模なシステムでの並列計算には向きません．

Gaussian, Inc. 純正の GaussView を使うと，グラフィカルなユーザーインターフェイス（GUI）で分子を設計して，計算方法や基底関数をマウスで選択することで容易にインプットファイルを作成することができます．さらに，計算後，ログファイルを開くことで，結果の解析，軌道や電子密度のチェックが可能です．ただし，結果の解析だけならば，フリーソフトの Avogadro や Jmol も同様な機能を持っています．Avogadro や Jmol の説明は F3 を参照してください．

上記の Gaussian, Inc. のソフトウェアは Unix 版，Windows 版，Macintosh 版で販売されており，ライセンスも別々に購入する必要があります．購入する場合，Academic か Commercial かでライセンス形態が異なり，値段や使用許諾の範囲が変わります．住所でアサインされる大学や研究所用のサイトライセンス等もあります．また，Gaussianの購入に際して，Gaussianの使用に関する同意書を許諾する必要があります．Gaussianに限らず，商用ソフトでは多くの使用条件や契約内容が記載されているので，しっかり読んでおくことを勧めます．また，当然のことですが，研究成果の発表に際して文献等を引用する必要があります．

Gaussianの使い方

Unix版のGaussianはインプットファイルを直接編集して作成する必要がありますが，Windows版やMacintosh版ではGUIを使ってインプットファイルを作成することができます．

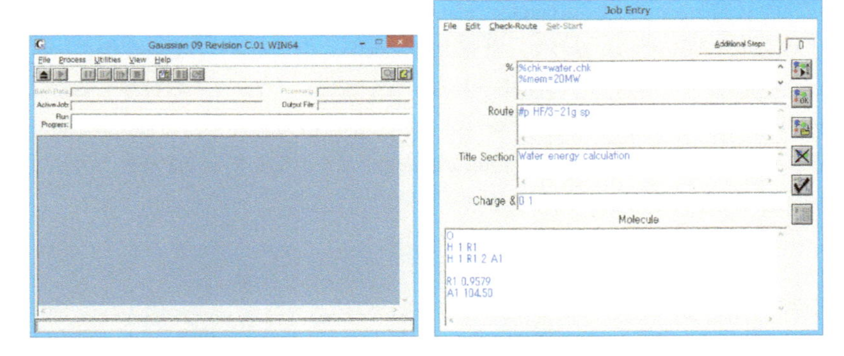

図1　Gaussianのメインウィンドウ（左）とJob Entryウィンドウ（右）

図1左はGaussianのメインウィンドウです．[File] − [New] で右図のインプットの作成ウィンドウが開きます．5つのテキストボックス（チェックポイントファイル等の指定，計算方法と基底関数，計算タイトル，電荷とスピン多重度，分子の座標）に必要な項目を指定してメニューから [File] − [Save Job] を選択し，インプットファイルを保存します．[File] − [Exit & Run] を選択してログファイルを指定することで，計算が実行されます．結果はメインウィンドウに出力され，エラーが出た場合には，メインウィンドウの出力を調べてインプットを書き直す必要があります．B6で説明するテキスト形式のインプットファイル（拡張子は .gjf）を別に作成している場合には，メインウィンドウのメニューから [File] − [Open…] を選択するとJob Entryウィンドウに類似したExisting File Job Editウィンドウが表示されます．このウィンドウでも [File] − [Exit & Run] を選択すれば計算を実行することができます．

初心者が正確なインプットを書くのは大変かもしれません．そこで，Gaussian, Inc.ではインプットが楽に作成できるよう，分子のモデリングと計算結果解析用の

GaussView を販売しています．GaussView を使用すると，GUI で分子のモデルを組み立てながら簡単に初期座標を組むことができます．

メインウィンドウ（図2左）に描かれている分子のパーツを，分子モデル描画ウィンドウ（図2右）の結合させたい位置でクリックして貼り付けながら，目的の分子をモデリングします．ある程度分子モデルの作成が終わった後，[Edit] − [Clean] を選択すると構造が化学的にきれいになるように自動的に変換されますし，メインウィンドウの結合長・結合角・二面体角のボタンを押し，描画ウィンドウで原子を選択すれば，結合パラメータを好きなように決めることもできます．さらに，[Edit] − [Atom List …] を選択すると「Atom List Editor」ウィンドウが表示され，分子の座標（Z-matrix やデカルト座標，B5で詳述）を直接編集することができます．編集後，メインウィンドウの [Calculate] − [Gaussian Calculation Setup…] を選択すると計算方法設定ウィンドウ（図3）が表示されるので，計算方法を細かく指定して，[Retain] ボタンをクリックします．メニューから [File] − [Save…] を選択し，ファイルの種類を Gaussian Input Files にして保存すれば，インプットファイルの完成です．さらに「Gaussian Calculation Setup」ウィンドウの [Quick Launch] ボタンをクリックすると，すぐに計算を実行することができます．

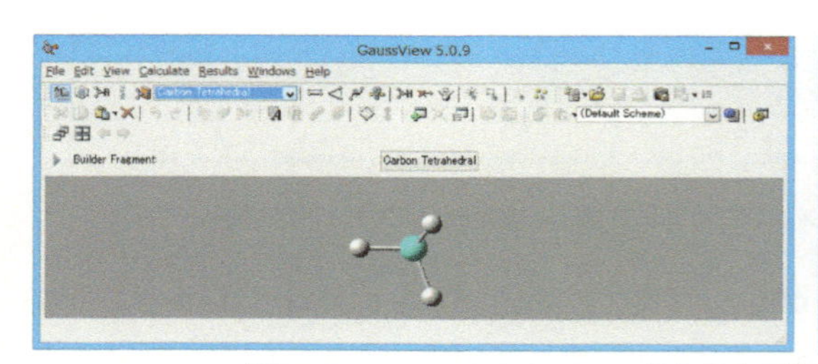

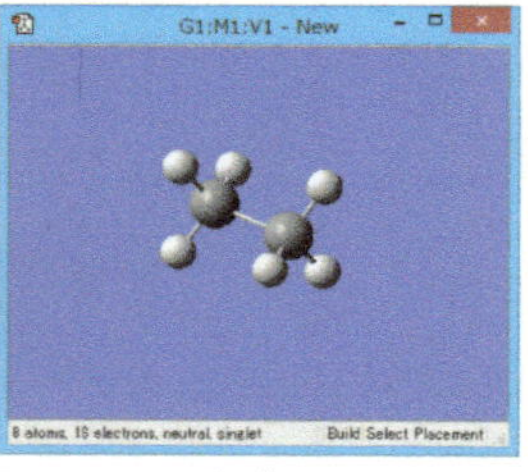

図2　GaussView のメインウィンドウ（左）と描画ウィンドウ（右）

計算方法設定ウィンドウから [Quick Launch] ボタンをクリックして計算を実行した場合，計算が終了すると自動的に計算結果（チェックポイントファイル）が読み込まれます．ここでは水分子を計算したときの結果を簡単に紹介します．例えば [Edit] − [MOs…] を選択すると，計算された分子軌道とそのエネルギー，電子占有の様子が表示されます（図4左）．GaussView を用いた分子軌道表示方法の詳細については，B9も参照してください．また，[Results] − [Charge Distribution…] をクリックすると，Mulliken 電荷や双極子モーメント（B10参照）をグラフィカルに表示することが可能です（図4右）．構造最適化計算を行った場合には，描画ウィンドウの原子を順にクリックしていくことで，最適化された結合長，結合角，二面体角の情報をステータスバー（ウィンドウの最下部）に表示させることもできます．

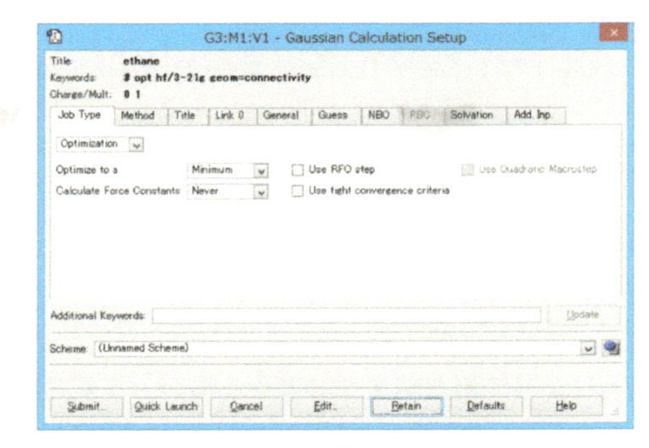

図3　GaussViewの計算方法設定ウィンドウ

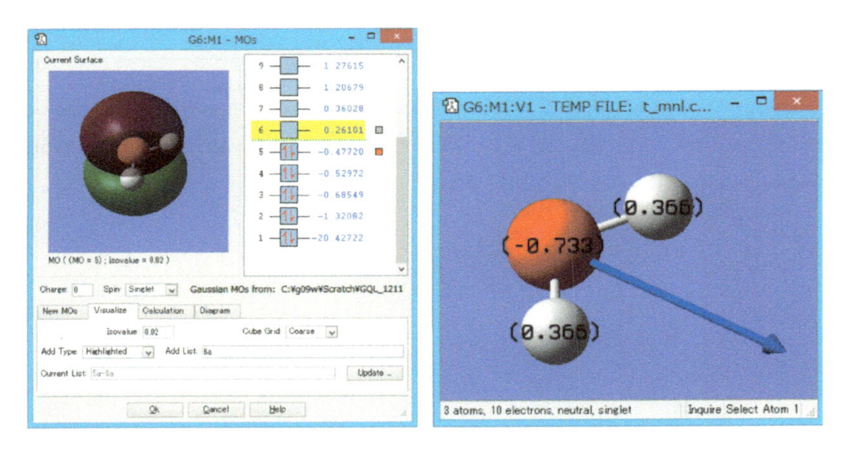

図4　GaussViewによる水分子の分子軌道（左）と双極子モーメント（右）の表示

主にWindowsでGaussianを使う場合の注意点として，日本語を含むファイル名やディレクトリ（フォルダ）を利用できないことが挙げられます．インプットファイルが間違っていないにもかかわらず停止したり，構造などの情報が表示される前にGaussianの動作が停止する場合には，ディレクトリ名などに日本語が含まれていないか確認してください．

なお，Gaussian09によって得た結果を論文や書籍で公表する場合，下記の引用が必要になります．Revisionのあとの番号と最後の年は，実際に使用したプログラムのリビジョンに応じて変更してください．

Gaussian 09, Revision D.01, M. J. Frisch, G. W. Trucks, H. B. Schlegel, G. E. Scuseria, M. A. Robb, J. R. Cheeseman, G. Scalmani, V. Barone, B. Mennucci, G. A. Petersson, H. Nakatsuji, M. Caricato, X. Li, H.

P. Hratchian, A. F. Izmaylov, J. Bloino, G. Zheng, J. L. Sonnenberg, M. Hada, M. Ehara, K. Toyota, R. Fukuda, J. Hasegawa, M. Ishida, T. Nakajima, Y. Honda, O. Kitao, H. Nakai, T. Vreven, J. A. Montgomery, Jr., J. E. Peralta, F. Ogliaro, M. Bearpark, J. J. Heyd, E. Brothers, K. N. Kudin, V. N. Staroverov, T. Keith, R. Kobayashi, J. Normand, K. Raghavachari, A. Rendell, J. C. Burant, S. S. Iyengar, J. Tomasi, M. Cossi, N. Rega, J. M. Millam, M. Klene, J. E. Knox, J. B. Cross, V. Bakken, C. Adamo, J. Jaramillo, R. Gomperts, R. E. Stratmann, O. Yazyev, A. J. Austin, R. Cammi, C. Pomelli, J. W. Ochterski, R. L. Martin, K. Morokuma, V. G. Zakrzewski, G. A. Voth, P. Salvador, J. J. Dannenberg, S. Dapprich, A. D. Daniels, O. Farkas, J. B. Foresman, J. V. Ortiz, J. Cioslowski, and D. J. Fox, Gaussian, Inc., Wallingford CT, 2013.

同様に，GaussView によって得た結果を公表する場合，下記の引用が必要です.

GaussView, Version 5, Roy Dennington, Todd Keith, and John Millam, Semichem, Inc., Shawnee Mission, KS, 2009.

Gaussian の引用については，http://www.gaussian.com/g_tech/g_ur/m_citation.htm，GaussView の引用については http://www.gaussian.com/g_tech/gv5ref/gv5citation.htm に詳しく記載されています.

B4. 計算の実行方法を教えてください

UNIX での計算の実行の仕方を説明します．ただ，システムによってローカルルールを設けているところも多いので，計算機センター等を利用する際はそちらの注意事項にも留意してください．ここで挙げるのは一般的事項です．

Gaussian09 の場合，環境変数が2つ必要です．例として、/usr/local/g09 にインストールされ，/work をワークディレクトリに使う時のコマンドを下に示します．g09root は g09 ディレクトリがある場所で，GAUSS_SCRDIR はワークディレクトリの場所です（先頭の $ はプロンプトで，入力不要です）．

csh, tcsh の場合

```
$ setenv g09root /usr/local
$ source $g09root/g09/bsd/g09.login
$ setenv GAUSS_SCRDIR /work
```

ksh, bash の場合

```
$ export g09root=/usr/local
$ . $g09root/g09/bsd/g09.profile
$ export GAUSS_SCRDIR=/work
```

ジョブを流すときに毎回これらを実行するのは面倒なので，ログインしたときに自動的に実行されるファイル（tcshrc, .bashrc, .login 等）に書いておくと便利です．以上を事前に設定しておくと，次のコマンドで実行できます。

```
$ g09 < (インプットファイル名) >& (アウトプットファイル名) &
```

ワークディレクトリについて

ワークディレクトリは計算の中間ファイルを作るディレクトリのことです．量子化学計算は，多くの場合，非常に大きな中間ファイル（数 GB から数十 GB）が作られ，激しい読み書きがなされるので，どのプログラムでも通常は特別にワークディレクトリを指定します．ワークディレクトリとしては，大きな空き容量（数十～数百 GB）があることはもちろんですが，OS が搭載されているディスクとは別のディスクを指定した方が安全です．そうすることで消耗の激しいディスクが壊れても OS は生き残り，ディスク交換だけで済むからです．当然ですが，高性能なディスクを使用するほうがパフォーマンスは上がります．しかし，高性能と大容量を同時に満たすディスクは高価なので，2種類（高性能・低容量 / 低性能・大容量）のディスクを用意して使い分けるのがコストパフォーマンスをあげるコツだと思います．重大な注意点としては，ネットワークを通して参照しているディスクをワークディレクトリにしては絶対にいけません．これをやると，ネットワークを通して大量のデータの読み書きを行うので，非常に遅くなるだけでなく，同じネットワークを利用している他のユーザーに迷惑をかけることになります．

B5. 分子の初期座標の作り方を教えてください

デカルト座標と Z-matrix

分子の初期座標の設定の方法として，量子化学計算パッケージではデカルト座標（直交座標，Cartesian coordinates）と Z-matrix を使う 2 つの方法があります．デカルト座標は原子の座標を xyz 座標で記述するもので，Z-matrix は結合長，結合角，二面体角（これらを内部座標と言います）を使って原子の位置を指定します．この 2 つの座標の作成法を，D_{6h} 対称性を持つベンゼンの初期座標を例に示すと図 1，図 2 のようになります．

```
C      0.000000       1.395000       0.000000
C      1.208105       0.697500       0.000000
C     -1.208105       0.697500       0.000000
C      1.208105      -0.697500       0.000000
C      0.000000      -1.395000       0.000000
C     -1.208105      -0.697500       0.000000
H      0.000000       2.480000       0.000000
H      0.000000      -2.480000       0.000000
H      2.147743       1.240000       0.000000
H     -2.147743       1.240000       0.000000
H      2.147743      -1.240000       0.000000
H     -2.147743      -1.240000       0.000000
```

図 1　ベンゼンのデカルト座標（ベンゼンの中心を原点としてある）

```
C
C    1     1.395
C    1     1.395   2     120.0
C    2     1.395   1     120.0   3       0.0
C    4     1.395   2     120.0   1       0.0
C    5     1.395   4     120.0   2       0.0
H    1     1.085   2     120.0   4     180.0
H    5     1.085   4     120.0   2     180.0
H    2     1.085   1     120.0   3     180.0
H    3     1.085   1     120.0   2     180.0
H    4     1.085   5     120.0   6     180.0
H    6     1.085   5     120.0   4     180.0
```

図 2　ベンゼンの Z-matrix

Z-matrix では，1行目は原子の種類を示すラベルだけを書きます．2行目以降は原子の種類を示すラベルの後に結合する原子の番号を指定し，原子間距離を書きます．また，3行目以降は結合角の指定も行う必要があります．例えば，3行目の"C　1　1.395　2　120.0"は，C と原子1(一番上の C) の距離が 1.395 Å で，C-1-2 のなす角度が 120.0 度であることを示します．4行目以降は二面体角（2つの面のなす角）の指定も行います．二面体角の定義は図3のように2番目（4行目では原子2）と3番目（4行目では原子1）の原子を通る直線を軸として，1番目（4行目では C)，2番目，3番目の原子がなす面と2番目，3番目，4番目（4行目では原子3）の原子がなす面の角度で定義されます．右図のように Newman 投影図を描いたときの時計回りの向きを正として指定するものと定められていますので，負の二面体角の指定も考えられます．

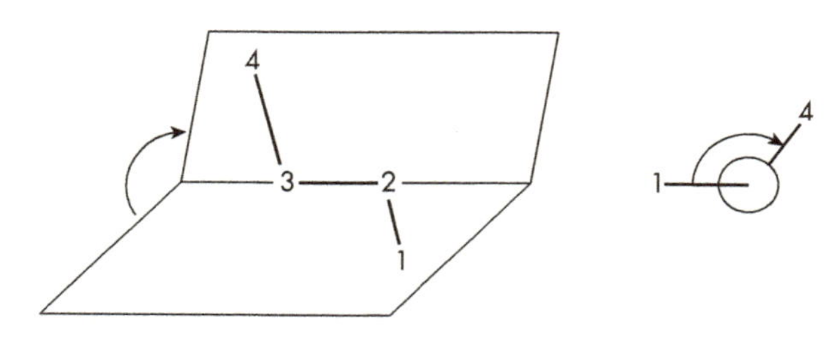

図3　二面体角の決め方

Z-matrix では，0度や180度の結合角（つまり直線）を指定することができません．直線形分子の Z-matrix には，ダミー原子（X，計算では無視される）を使う必要があります。図4に，ダミー原子を用いたアセチレン分子の Z-matrix による入力構造の一例を示します．右図のようにダミー原子を C–C 結合と垂直の位置に置いています．注意したいのは，5番目の H も直線の結合角を指定することのないように，1番目の C 原子からの距離で定義している（C_1–C_5 の距離（2.26 Å) = C_1–C_2（1.20 Å) + C_2–H_5（1.06 Å)）ことです．

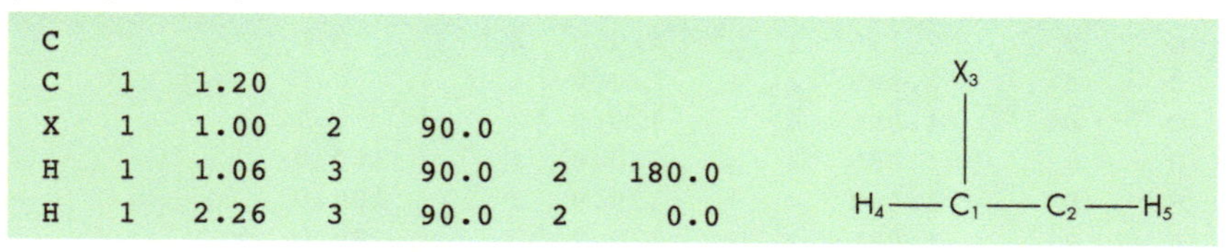

```
C
C   1   1.20
X   1   1.00   2   90.0
H   1   1.06   3   90.0   2   180.0
H   1   2.26   3   90.0   2     0.0
```


図4　アセチレンの Z-matrix(左) と実際の構造 (右)

デカルト座標で分子の座標を組むことは難しいですが，小さい分子の座標ならば Z-matrix を使うことで，紙上に絵を描きながら容易に作成することが可能です．しかし，紙上で描きながら座標を組むことはミスも多く非効率なので，グラフィカルな分子モデリングソフトを使用したほうがよいでしょう．計算結果の可視化ソフトウェアは比較的多いのですが，分子を GUI で作成できる分子構造作成ソフトウェアはそれほど多くはありません．Gaussian を使う場合には GaussView を利用するのが最も簡単であり，詳細な計算条件まで GUI で設定できるので便利です（B3 参照）．アカデミックな機関で計算されている方は，まずご所属の機関でサイトライセンスを保有しているかどうか，Gaussian 社に確認してみましょう．既にサイトライセンスを保持している場合には，追加費用を払うことなく GaussView を利用することができます．GaussView が利用できない場合には，以下のような他の分子構造作成ソフトウェアで分子構造のモデリングを行うことができます．

・Winmostar (http://winmostar.com)

Gaussian，GAMESS のほか，半経験的分子軌道計算法 MOPAC/MOS-F などにも対応した Windows 用の分子モデリングソフトです．最初に CH が表示され，指定した原子を置換基に替える方法で，容易に分子構造の作成を行うことができます．分子の座標が右側に表示されるので，構造の微調整も容易です．MOPAC6 が始めから内蔵されているので，これを予め実行することにより理想的な初期構造を作成することができます．（株）クロスアビリティが販売している有償のソフトウェアですが，MOPAC の計算が可能な原子数が 30 までなどの機能制限付きの無償版もあります．結果の可視化機能も大変有用です．

・Avogadro (http://avogadro.cc/wiki/Main_Page)

Windows，Linux，Mac OS X で利用可能な無償の分子構築エディタです．初期画面をクリックすると CH_4 が現れます．原子をクリックしたままドラッグすると分子鎖が延長されます．メニューの [Extensions] から「ジオメトリ最適化」を選択し，分子の形を整えながら構造の作成を進めると良いでしょう．分子作成用途のみではなく，Gaussian の fchk ファイルを読み込ませて軌道の可視化を行う等の用途にも便利です．

・iqmol (http://iqmol.org/)

Windows，Linux，Mac OS X で利用可能な分子構築エディタです．Q-Chem のグラフィックインターフェイスとして開発されていますが，作成した分子構造は xyz，pdb 等のフォーマットで保存できます．

・Facio (http://www1.bbiq.jp/zzzfelis/Facio.html)

九州大学の末永先生が開発しているフリーの Windows 用の分子モデリングソフトです．分子構造を0から作るのにはあまり適していませんが，[Edit] − [Open Edit Tool Box] をクリックして表示される Edit Tool Box を使うと，マウス操作で官能基を足したり原子を変更したりすることができます．Facio の特筆すべき点は，Gaussian の ONIOM レイヤーの設定や GAMESS に実装されているフラグメント分子軌道 (FMO) 法の GUI 入力支援機能です．また，VCD(振動円二色性) スペクトルのシミュレーション機能，水素原子の補完機能，STQN 法による遷移状態探索に必要な反応物，生成物，遷移状態の推定構造の入力機能，第一原理分子動力学計算 (ADMP や BOMD) により得られる Trajectory ファイルの可視化機能なども備えられています．

・Ghemical (http://bioinformatics.org/ghemical/)

Unix 計算機上で動作する無償の分子モデリングソフトです．Cygwin などを用いれば Windows でも動作させることが可能です．MOPAC や MPQC と連携して，分子軌道計算を行うことができます．

・Chem3D (CambridgeSoft, Inc)

有償ですが，化学の研究者にはなじみ深い ChemDraw の姉妹製品です．エディションによっては ChemBio3D の名称の場合もあります．分子が3D 表示されているウィンドウにマウス操作で分子をモデリングしていくことも可能ですが，ChemDraw のウィンドウに化学式を描くと対応する分子が自動で構築される機能もあります．

・ChemCraft (http://www.chemcraftprog.com)

有償の分子モデリングソフトですが，機能限定の無償版もあります．[Edit] − [Add fragment] で表示される様々なコンポーネントを選択すると，GaussView などと同じように描画ウィンドウにクリックして置いていくことができます．また，Gaussian や GAMESS の計算結果の可視化機能が充実しており，様々なプロパティをきれいに可視化することが可能です．

また，PDB(Protein Data Bank) や CIF(Crystallographic Information File) などの X 線構造解析データによって構造が分かっている場合は，以下に述べるような方法でも Gaussian や GAMESS のインプットの作成が可能です．

・GaussView

GaussView5を使う場合は，デフォルトではPDBデータを開くと自動的に水素原子が付加されます．水素原子が付加されない場合は，Open Filesウィンドウの[Options…]ボタンをクリックし，"Add Hydrogens:"を"Yes"に設定して開きます．CIFデータを開くと，周期的境界条件がある場合はその条件を含んだインプットが作成されます．周期的境界条件が不要な場合は別のソフトウェアを使用するか，自力でインプットを書き換える必要があります．

・Chem3D

Chem3Dでは，PDBまたはCIFデータを開くと水素の座標がないので，水素原子を加える部分を選択して(全選択でも構わない)，メニューバーの[Structure]－[Rectify]を選択します．その後，"save as"でGaussian形式かGAMESS形式で保存すると座標の部分のみ作成されます．

・RasMol

RasMol(http://rasmol.org)を使う場合は，PDBまたはCIFデータを開いた後に，コマンドライン上で"save xyz ファイル名.xyz"として座標を保存します．水素原子の座標を発生させることができないので，予め別のソフトウェアで発生させておく必要があります．また，RasMol自体はコマンドラインから操作することで，様々な処理を行うことができるので便利です．

・Winmostar

Winmostarを使用する場合，PDBまたはCIFデータを開いた後に，メニューバーの[編集]－[水素付加]－[全原子]を選択することで水素原子を加えることができます．その後，Gaussian形式かGAMESS形式を選択してファイルに保存します．

・ORTEP

ORTEP(http://www.chem.gla.ac.uk/~louis/software/ortep/)を使用するとCIFデータのみを読み込むことができ，メニューバーの[File]－[Write XYZ File]でxyz形式の座標を保存することで，データを得ることができます．

B6. Gaussian のインプット・アウトプットについて教えてください

インプットファイルの構成

Gaussian のインプットデータはテキストファイルで作成し，インプットデータ中の大文字・小文字の区別はありません．必要な情報の並びは次の5つのセクションに分けられます．

1. Link0 コマンド

"%" を行頭に付け，1行に1項目ずつ記述します．使用メモリ量，使用 CPU 数（並列計算の場合），.chk，.rwf などのスクラッチファイルを指定します．各行の順番は任意で，省略した場合にはデフォルト値が使われます．

2. ルートセクション

"#" を行頭に付けます．計算方法（MP2，HF など）や基底系の指定，計算内容（エネルギー計算，構造最適化，振動数計算など）の設定を行います．複数行に分割可能で，セクションの終わりには空白行を付ける必要があります．

3. コメントセクション

複数行に渡るコメントが記入可能です．セクションの終わりに空白行が必要です．

4. 分子指定セクション

分子の電荷，スピン多重度の後に Z-matrix やデカルト座標を用いて分子構造を記入します．

5. 付加情報

計算内容によって必要となる付加情報を記入します．

小さな分子の場合，分子構造の定義には，対称性の導入などが比較的簡単な Z-matrix がよく使われています．Z-matrix では結合長，結合角及び二面体角を用いて原子の位置を指定します．サイズの大きい複雑な分子を計算する場合，入力する座標を作成するだけでもかなりの労力を要することになりますが，分子描画ソフトウェアを利用するとマウス操作で分子構造を作成できます（B5 参照）．

以下に H_2O のエネルギー計算を Hartree-Fock（HF）レベル，3-21G 基底で実行するインプットファイルを示します．ここではZ-matrixを使用して分子構造を表現していますが，デカルト座標を用いることも可能です．ルートセクションの"#p"は詳細なアウトプットを出力するオプションです．

```
%chk=water.chk                          チェックポイントファイル名
%mem=20MW                       使用するメモリ量(1 MW = 8 MB)
%Nprocshared=2                              使用するプロセッサ数
#p HF/3-21g sp    ルートセクション(spはエネルギー1点計算，省略可)
                            ルートセクションの終わりを示す空白行
Water energy calculation                              コメント行
                                コメント行の終わりを示す空白行
0   1                        電荷とスピン多重度．スペースで区切る
O                                 分子の構造を記述(Z-matrix)
H   1   R1
H   1   R1   2   A1
                                                        空白行
R1     0.9579                             構造指定時のパラメータ
A1   104.50
                                                        空白行
                   付加情報が必要な計算の場合には，ここから記述
```

図1　H_2Oのエネルギー計算のインプットファイル

主なキーワード

ルートセクションで指定するキーワードとして，計算方法（理論）と基底系は欠かせません．表1に，A2で説明した理論と対応させて，Gaussianで計算可能な計算方法を列記しました．基底系については，A3で説明した基底系の名前をそのままキーワードとして用いることができます．その他に，構造最適化計算を指定する"opt"(B7参照)や振動数計算を指定する"Freq"(B8参照)は，Gaussianでは非常によく使われるキーワードです．構造最適化計算では解析的勾配が，振動数計算ではそれに加えて解析的Hessianが求められると，効率的に計算を行うことができます（解析的な計算ができない場合も，計算を行うことは可能ですが，小さな分子でしか現実的ではありません）．表1には，各理論に対してこれらを求めることができるかどうかを記載しました．解析的Hessianが求められるものは全て，解析的勾配を求めることが可能です．

表1　Gaussian09で実行可能な主な計算手法

理論	解析的 Hessian (Freq)	解析的勾配 (Opt)	エネルギーのみ
HF, DFT	RHF, UHF, ROHF		
MP法	MP2	MP3, MP4(DQ), MP4(SDQ)	MP4, MP5
CI法		CID, CISD	
QCI法		QCISD	QCISD(T)
CC法		CCD, CCSD	CCSD(T)
MCSCF法	CASSCF		

キーワードの多くはさらに細かなオプションを指定することが可能で，以下により指定可能です．

・keyword＝option

・keyword＝(option1, option2, option3, ……)

またキーワード，オプションに値を与える場合には次のように指定します．

・keyword＝value

・keyword＝(option＝value)

CASSCF以外の手法のキーワード(HF，MP2，CCSD)には単語の先頭にR(＝closed-shell spin-restricted)，U(＝ spin-unrestricted)，RO(＝ spin-restricted open-shell)を付加することができます(A2参照．組み合わせられないものもあります)．指定がない場合には不対電子の有無に応じてRかUに自動的に設定されます．またDFT(密度汎関数法)では交換汎関数と相関汎関数のキーワードを結合させた指定を行います．よく使われる組み合わせにはB3LYP，PBE1PBE(PBE0とも呼ばれますが，GaussianではPBE0では認識されません)，M062X(汎関数の名前はM06-2X)などがあります．詳しくはA4を参照してください．

なお，原子別に基底系を指定する場合(Gen，C7参照)，振動解析で同位体を指定する場合(Freq＝ReadIsotopes，C4参照)などに必要な付加情報は分子構造を書き込んだセクションの次に書き込みます．

Link0コマンドに"%chk＝test.chk"としてチェックポイントファイル名を指定すると実行ディレクトリにtest.chkとして計算結果の要約がバイナリ形式で保存されます．チェックポイントファイルは構造や計算結果を次の計算に用いる目的のほか，Gaussian付属のユーティリティプログラムを利用する際に必要となります．ユーティリティプログラムについては，D8を参照してください．

Gaussian09には入力例が数多く用意されています．Linux環境の場合/g09/tests/comにテストのための入力ファイルが約900個あります．grep等のコマンドで関連する入力例を検索すると便利です．

アウトプットファイルの見方

Gaussian プログラムパッケージはリンクと呼ばれる互いに連携した実行モジュールを含み，入力データの内容にしたがって，決められたリンクに次々とジョブが受け渡され実行されます．どのリンクを使用して計算されたかは出力ファイルにプリントされます．各リンクの役割についてはGaussian のマニュアルを参照してください．

H_2O のエネルギー計算の結果を例に示します．

```
Entering Gaussian System, Link 0=g09
Initial command:
(中略)
Cite this work as:    計算結果を発表する際に参考文献として記述する箇所
Gaussian 09, Revision D.01,
M. J. Frisch, G. W. Trucks, H. B. Schlegel, G. E. Scuseria,
(中略)
and D. J. Fox, Gaussian, Inc., Wallingford CT, 2013.

******************************************
Gaussian 09:  EM64L-G09RevD.01 24-Apr-2013
                5-Dec-2014
******************************************
%chk=water.chk
%mem=20MW                                                  使用メモリ量
%Nprocshared=2                                          使用プロセッサ数
Will use up to    2 processors via shared memory.
--------------
#p HF/3-21g sp                        ルートセクションに指定したコマンド
--------------
(中略)
------------------------
Water energy calculation                                      コメント文
------------------------
Symbolic Z-matrix:
Charge =  0 Multiplicity = 1                 電荷＝0，スピン多重度＝1
O                                            Z-matrix による構造表示
H                     1    R1
H                     1    R1          2     A1
      Variables:
 R1                     0.9579         構造変数(最適化計算では初期値)
 A1                   104.5
```

```
NAtoms=      3 NQM=       3 NQMF=       0 NMMI=      0 NMMIF=      0
             NMic=        0 NMicF=      0.
Isotopes and Nuclear Properties:                    原子量，核スピンの情報
(中略)
Input orientation:                          デカルト座標による入力構造の表示
---------------------------------------------------------------------
Center   Atomic    Atomic              Coordinates (Angstroms)
Number   Number     Type              X           Y           Z
---------------------------------------------------------------------
     1        8       0         0.000000    0.000000    0.000000
     2        1       0         0.000000    0.000000    0.957900
     3        1       0         0.927389    0.000000   -0.239839
---------------------------------------------------------------------
Distance matrix (angstroms):                分子に含まれる各原子の原子間距離
                    1           2           3
    1  O    0.000000
    2  H    0.957900    0.000000
    3  H    0.957900    1.514803    0.000000
Stoichiometry    H2O                                        分子の組成式
Framework group  C2V[C2(O),SGV(H2)]                         対称性（点群）
Deg. of freedom     2                                       分子の自由度
(中略)
Standard orientation:                         対称性に従って変更された座標系
---------------------------------------------------------------------
Center   Atomic    Atomic              Coordinates (Angstroms)
Number   Number     Type              X           Y           Z
---------------------------------------------------------------------
     1        8       0         0.000000    0.000000    0.117289
     2        1       0         0.000000    0.757402   -0.469154
     3        1       0         0.000000   -0.757402   -0.469154
---------------------------------------------------------------------
(中略)
Standard basis: 3-21G (6D, 7F)                                    基底系
(中略)
 13 basis functions,  21 primitive gaussians,  13 cartesian basis functions
                    基底関数，原始基底関数，デカルト型基底関数の数
 5 alpha electrons       5 beta electrons          α電子，β電子の数
 nuclear repulsion energy          9.1882926506 Hartrees.
(中略)
Closed shell SCF:                               閉殻計算であることを示す
(中略)
Cycle   1  Pass 1  IDiag  1:                               SCFサイクル開始
E= -75.5091233889960
```

```
(中略)
Cycle  10  Pass 1  IDiag  1:                          SCFサイクル10回目
E= -75.5854188872256     Delta-E=       0.000000000000 Rises=F Damp=F
(中略)
SCF Done:  E(RHF) =  -75.5854188872     A.U. after   10 cycles
           NFock= 10  Conv=0.39D-09      -V/T= 2.0016
   E(RHF)は入力構造におけるエネルギー値で原子単位(a.u.)で表記されている
(中略)
Mulliken charges:                     Mulliken法による各原子上の正味の電荷
              1
    1  O   -0.727591
    2  H    0.363795
    3  H    0.363795
Sum of Mulliken charges =   0.00000
(中略)
Dipole moment (field-independent basis, Debye):
             双極子モーメント(座標軸はstandard orientationに基づく)
   X=      0.0000    Y=      0.0000    Z=     -2.4353   Tot=      2.4353
Quadrupole moment (field-independent basis, Debye-Ang):四重極モーメント
  XX=      -6.8199    YY=      -4.1301    ZZ=      -5.8100
  XY=       0.0000    XZ=       0.0000    YZ=       0.0000
(中略)
Job cpu time:        0 days  0 hours  0 minutes  1.5 seconds.
File lengths (MBytes):  RWF=    5 Int=    0 D2E=    0 Chk=    1 Scr=    1
Normal termination of Gaussian 09 at Fri Dec  5 15:33:38 2014.
             所要時間とGaussian09が正常に終了したことを示すメッセージ
```

図2　Gaussian09のアウトプット

B7. 構造最適化の計算について教えてください

構造最適化計算

ここでは水分子の構造最適化計算の例を示します．構造最適化では，入力された構造を始点として，エネルギーが下がる方向へ少しずつ構造を変化させ，エネルギー極小値を与える安定構造を探します．したがって，一般的に安定構造に近い「よい」初期構造から出発したほうが収束は速くなります．ここでは結合長1.0 Å，結合角120度を水分子の初期構造とします．インプットは図1になります．

```
%mem=30000000                                   単位はワード (W)
#p RHF/6-31G(d,p) Opt
                                                          空白行
Water geometry optimization
                                                          空白行
0  1
O    0.00  0.0   0.0                        分子のデカルト座標
H    0.87  0.0  -0.5
H   -0.87  0.0  -0.5
                                                          空白行
```

図1　水分子の構造最適化のインプット

ルートセクションにOptを追加するだけで，他のオプションはエネルギー計算と同様です．図1ではデカルト座標を使いましたが，B6と同様にZ-matrixを使うことも可能です．

アウトプットには最適構造は以下の箇所に出力されます：

```
                    ----------------------------
                    !   Optimized Parameters   !
                    ! (Angstroms and Degrees)  !
 --------------------                            --------------------
 ! Name  Definition          Value          Derivative Info.                !
 --------------------------------------------------------------------------
 ! R1    R(1,2)              0.9431         -DE/DX =    0.0                !
 ! R2    R(1,3)              0.9431         -DE/DX =    0.0                !
```

```
! A1    A(2,1,3)          105.9946          -DE/DX =    -0.0001          !
------------------------------------------------------------------------
```

これは "Optimized" でキーワード検索すると見つかります．最適構造の結合長・結合角は0.943 Å，106.0度と求まります．最適化の各ステップの詳細はunixの場合grepを用いた以下のコマンドにより分かります．

```
 $ grep -2 "RMS     Force" xxx.log
         Item               Value     Threshold  Converged?
Maximum Force             0.064263     0.000450     NO
RMS     Force             0.058265     0.000300     NO
Maximum Displacement      0.225599     0.001800     NO
RMS     Displacement      0.191240     0.001200     NO
（中略）
         Item               Value     Threshold  Converged?
Maximum Force             0.000083     0.000450     YES
RMS     Force             0.000058     0.000300     YES
Maximum Displacement      0.000290     0.001800     YES
RMS     Displacement      0.000277     0.001200     YES
```

Gaussianでは上に示すように収束の判定基準が4つありますが，どの値も徐々に小さくなることが分かります．しきい値より小さくなるとYESと書かれ，4つYESが揃うと計算が終了します．

HFエネルギーの経緯は以下のコマンドで見ることができます．

```
 $ grep "E(RHF)" xxx.log
SCF Done:  E(RHF) =  -76.0099745980     A.U. after   10 cycles
SCF Done:  E(RHF) =  -76.0234663521     A.U. after   10 cycles
SCF Done:  E(RHF) =  -76.0236122990     A.U. after    9 cycles
SCF Done:  E(RHF) =  -76.0236149991     A.U. after    8 cycles
```

HF法以外の手法を用いているときは適宜キーワードを入れ替えてください．

部分的な構造最適化計算

Gaussianでは，Z-matrixを使えば一部の構造パラメータを固定した部分的な構造最適化を行うことができます．この方法により，電子状態への影響の小さい置換基の部分構造を固定して計算時間を短縮したり，構造パラメータの一つを反応座標として固定して残りの構造を緩和させたエネルギーを求めたりするのに利用することができます．例として，水分子の結合距離を1.00 Åに固定して結合角を最適化する場合のインプットを図2に示します．

```
%mem=30000000
#p RHF/6-31G(d,p) Opt=Z-matrix

Water partial geometry optimization

0  1
O                                        分子の構造を Z-matrix で記述
H  1  R1
H  1  R1  2  A1
                                                            空白行
A1  105.0                  パラメータ(構造最適化の際に変数となる)
                                                            空白行
R1    1.00               パラメータ(構造最適化の際に固定値となる)
                                                            空白行
```

図2　水分子の部分構造最適化のインプット

ルートセクションにはOpt＝Z-matrixを追加します．Z-matrix終了を意味する改行の直後に，構造最適化の際に変数とするパラメータをすべて入力し，再び改行します．その後に構造最適化の際に固定値とするパラメータをすべて入力します．

アウトプットに出力される最適化された構造は，以下のようになります．

```
                     ----------------------------
                     !   Optimized Parameters   !
                     ! (Angstroms and Degrees)  !
----------------                             ----------------------
!      Name       Value   Derivative information (Atomic Units)   !
--------------------------------------------------------------------
!       A1      103.968    -DE/DX =     0.0                        !
!       R1        1.0      -DE/DX =    -0.1097                     !
--------------------------------------------------------------------
```

固定された構造パラメータ(R1)は変化しておらず，この固定構造に対して最適なA1の値が求められています．より複雑な部分構造最適化計算については，C3を参照してください．

B8. 振動数計算について教えてください

振動数計算のインプット

量子化学計算で構造最適化に次いで頻繁に行われるのが振動数計算です．これは分子の調和振動数を求める計算で，実験の振動スペクトルと対応させ，分子を同定するときに使います．それ以外にも構造最適化計算で得られた構造が，遷移状態ではなく，安定構造かどうかを調べるためにも用いられます．これは虚数の振動数をもつ振動モードがないことで確認されます．また，分子の振動数が分かっていれば熱力学量は容易に計算できるので，通常振動数計算と同時に熱力学量も計算されます．ここでは水分子の振動数計算を例に挙げます．インプットは図1になります．

```
%chk=water_freq.chk
%mem=30000000
#p RHF/6-31G(d,p) Freq

Water vibrational frequency

0  1
O  0.000000   0.000000   0.113519
H  0.000000   0.753149  -0.454076
H  0.000000  -0.753149  -0.454076
```

図1　水分子の振動数計算のインプット

ルートセクションにFreqを追加すれば，振動数計算が可能です．当然ながら，構造は最適化計算で得られた構造を入力します．ここに最適化する前の初期構造や，他の計算レベルで求めた構造を間違えて入力しがちなので，気をつけましょう．

振動数計算のアウトプット

Gaussianのアウトプットでは振動数は図2のように出力されます．

```
                     1                      2                      3
                    A1                     A1                     B2
Frequencies --   1769.4228              4147.1375              4264.3642
Red. masses --      1.0831                 1.0448                 1.0833
```

```
 Frc consts  --      1.9979                 10.5868                 11.6071
 IR Inten    --    104.6512                 16.2894                 57.9906
 Raman Activ --      5.4950                 74.5841                 36.4431
 Depolar (P) --      0.5223                  0.1698                  0.7500
 Depolar (U) --      0.6862                  0.2902                  0.8571
  Atom  AN      X      Y      Z        X      Y      Z        X      Y      Z
     1   8     0.00   0.00   0.07     0.00   0.00   0.05     0.00   0.07   0.00
     2   1     0.00  -0.43  -0.56     0.00   0.59  -0.39     0.00  -0.56   0.42
     3   1     0.00   0.43  -0.56     0.00  -0.59  -0.39     0.00  -0.56  -0.42
```

図2　振動数計算のアウトプット

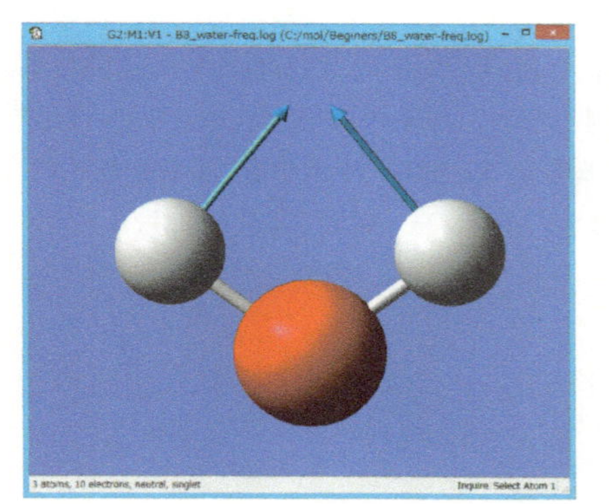

図3　GaussViewで表示した水分子の変角振動

"Frequencies" でキーワード検索すると見つかります．変角，対称伸縮，逆対称伸縮振動の振動数，IR強度，ラマン活性と基準振動ベクトルが得られています．3つの振動数が全て実数であることから，この構造は安定構造であることが分かります．Gaussianの場合，基準振動ベクトルはstandard orientationに基づくベクトルであり，入力構造のinput orientationとは異なるので，目と手で確認するときは注意が必要です．とくに原子数が増えるとイメージすることは困難になるので，可視化ソフトを使ったほうが良いでしょう．例えば，GaussViewでアウトプットファイルを開き，[Results] − [Vibrations] を選択すると，振動モードを可視化することができます．[Show Displacement Vectors] をチェックして水の変角振動の方向ベクトルを可視化したものが図3です．また，アニメーションで振動の動きを見ることも可能です．Winmostarなど，他のソフトでも振動モードの可視化ができます．

熱力学量は図4のようなアウトプットになります．

```
 -------------------
 - Thermochemistry -
 -------------------
 Temperature   298.150 Kelvin.  Pressure   1.00000 Atm.           温度と圧力
 (中略)
 Rotational temperatures (Kelvin)  42.05741     21.21351     14.10103 回転温度
 Rotational constants (GHZ):      876.33537    442.01830    293.81818 回転定数
 (中略)
```

```
Zero-point correction=                           0.023194 (Hartree/Particle)
Thermal correction to Energy=                    0.026028
Thermal correction to Enthalpy=                  0.026972
Thermal correction to Gibbs Free Energy=         0.005612
↑上から順にゼロ点エネルギー，内部エネルギー，エンタルピー，Gibbs自由エネルギーの補正値．単位はHartree
Sum of electronic and zero-point Energies=               -76.000421
Sum of electronic and thermal Energies=                  -75.997587
Sum of electronic and thermal Enthalpies=                -75.996643
Sum of electronic and thermal Free Energies=             -76.018003
    ↑電子エネルギー（-76.0236149991）にそれぞれの値を加えた全エネルギー
                  E (Thermal)             CV                S
Total               16.333              5.990            44.957
Electronic           0.000              0.000             0.000
Translational        0.889              2.981            34.608
Rotational           0.889              2.981            10.345
Vibrational         14.555              0.028             0.004
↑左から順に内部エネルギー，定積モル比熱，エントロピー．電子・並進・回転・振動の内訳が書かれています
```

図4　熱力学量のアウトプット

冒頭でも述べましたが，振動解析と熱力学量の計算は入力構造が安定構造でなければ意味がありません．入力構造が安定構造でなくても，Gaussianの出力に警告は出ないので要注意です．アウトプットの最後に，構造最適化の収束を示す以下の5行が出力されるので，ここにちゃんとYESが並んでいることを確認しましょう．

```
         Item               Value     Threshold  Converged?
Maximum Force            0.000060     0.000450     YES
RMS     Force            0.000030     0.000300     YES
Maximum Displacement     0.000274     0.001800     YES
RMS     Displacement     0.000152     0.001200     YES
```

また，あまり目立たないのですが，安定構造でないと，熱力学量のアウトプットに

```
Warning — explicit consideration of   1 degrees of freedom as
vibrations may cause significant error
```

という警告が出ることがあります．ただし，内部回転が存在すると安定構造であってもこの警告が出ます．いずれにせよ注意深く対応する必要があります．

B9. 量子化学計算における分子軌道の見方を教えてください

分子軌道計算は，分子系のSchrödinger方程式を近似的に解くことにあたります．多電子系のSchrödinger方程式は，独立電子近似のもと，1電子の波動関数である分子軌道の固有値方程式，Hartree-Fock方程式に還元され，分子軌道はさらに，既知の関数の組である基底系で展開されます．分子軌道計算は，分子軌道を基底関数で展開したときの係数（分子軌道係数）を求めることに相当します．ここでは，Gaussianを使った水分子の計算（HF/STO-3G）で得られた分子軌道について見ていきましょう．

Gaussianで分子軌道に関する情報を出力するには，ルートセクションでPopを指定します．Popにはいくつかのオプションがありますが，Pop＝Fullでは全ての分子軌道について，Pop＝Regularでは，軌道エネルギーの高いものから5個の占有軌道と軌道エネルギーの低いものから5個の仮想軌道についての情報が出力されます．また，Pop＝Noneを指定すると分子軌道に関する情報は出力されません．なお，本計算で用いた水分子の構造は，O-H結合距離0.9896 Å，結合角99.997度で，これらはHF/STO-3Gレベルで構造最適化された値です．計算中の各原子の座標は図1に示すようなStandard orientationに出力されています．図1から，3つの原子はyz平面上にあり，酸素原子はz軸上の正の部分にあることがわかります．

```
                         Standard orientation:
---------------------------------------------------------------------
Center     Atomic      Atomic             Coordinates (Angstroms)
Number     Number       Type             X           Y           Z
---------------------------------------------------------------------
     1          8           0        0.000000    0.000000    0.127224
     2          1           0        0.000000    0.758061   -0.508898
     3          1           0        0.000000   -0.758061   -0.508898
---------------------------------------------------------------------
```

図1　水分子を構成する各原子の座標

Pop＝Fullを指定すると，図2のように，Population analysisという行以下に水分子の分子軌道についての情報が得られます．

```
 ************************************************************************

          Population analysis using the SCF density.

 ************************************************************************

 Orbital symmetries:
       Occupied  (A1) (A1) (B2) (A1) (B1)
       Virtual   (A1) (B2)
 The electronic state is 1-A1.
 Alpha  occ. eigenvalues --  -20.25164  -1.25749  -0.59371  -0.45978  -0.39263
 Alpha virt. eigenvalues --    0.58166   0.69238
     Molecular Orbital Coefficients:
                           1         2         3         4         5
                        (A1)--O   (A1)--O   (B2)--O   (A1)--O   (B1)--O
     Eigenvalues --   -20.25164  -1.25749  -0.59371  -0.45978  -0.39263
   1 1   O  1S          0.99422  -0.23377   0.00000  -0.10404   0.00000
   2        2S          0.02584   0.84451   0.00000   0.53817   0.00000
   3        2PX         0.00000   0.00000   0.00000   0.00000   1.00000
   4        2PY         0.00000   0.00000   0.61275   0.00000   0.00000
   5        2PZ        -0.00416  -0.12280   0.00000   0.75574   0.00000
   6 2   H  1S         -0.00558   0.15557   0.44925  -0.29520   0.00000
   7 3   H  1S         -0.00558   0.15557  -0.44925  -0.29520   0.00000
                           6         7
                        (A1)--V   (B2)--V
     Eigenvalues --     0.58166   0.69238
   1 1   O  1S         -0.12578   0.00000
   2        2S          0.81977   0.00000
   3        2PX         0.00000   0.00000
   4        2PY         0.00000   0.95962
   5        2PZ        -0.76369   0.00000
   6 2   H  1S         -0.76900  -0.81452
   7 3   H  1S         -0.76900   0.81452
```

図2　水分子の分子軌道(HF/STO-3G 計算)

出力ファイルの始めの方に

```
7 basis functions,   21 primitive gaussians,     7 cartesian basis functions
5 alpha electrons         5 beta electrons
```

とあるように，STO-3Gを用いたこの計算では7個の基底関数(basis function)が用いられています．水分子は10電子系で，基底状態ではこれらの電子が2つずつ，軌道エネルギーの低いものから5個の分子軌道を占有します．すなわち，占有軌道(occupied orbital)の数は5個で，残りの2個が仮想軌道(virtual orbital)です．このことは図2の

```
 Orbital symmetries:
       Occupied  (A1) (A1) (B2) (A1) (B1)
       Virtual   (A1) (B2)
```

でOccupiedの行に(A1)や(B2)などが5つ，Virtualの行に2つあることや

```
                          1         2         3         4         5
                      (A1)--O   (A1)--O   (B2)--O   (A1)--O   (B1)--O
    Eigenvalues --   -20.25164  -1.25749  -0.59371  -0.45978  -0.39263

                          6         7
                      (A1)--V   (B2)--V
    Eigenvalues --    0.58166   0.69238
```

で1番目から5番目までがO(Occupied)，6番目と7番目がV(Virtual)となっていることと対応しています．なお，(A1)や(B2)は分子軌道の対称性を表しています．対称性についてはD1を参照してください．また，Eigenvaluesの行は軌道エネルギーを表しています．

各分子軌道は7つのbasis functionの線形結合

$$\psi = C_1\,\mathrm{O}_{1s} + C_2\,\mathrm{O}_{2s} + C_3\,\mathrm{O}_{2px} + C_4\,\mathrm{O}_{2py} + C_5\,\mathrm{O}_{2pz} + C_6\,\mathrm{H}_{1s} + C_7\,\mathrm{H}_{1s}$$

で表現されます．右辺のはじめの5項はそれぞれ原子1の酸素原子の1s，2s，$2p_x$，$2p_y$，$2p_z$ 軌道，6項目の H_{1s} は原子2の水素原子の1s軌道，7項目の H_{1s} は原子3の水素原子の1s軌道を表し，線形結合の係数 C_1，C_2，…，C_7 が分子軌道計算で得られた分子軌道係数(molecular orbital coefficient)です．分子軌道係数は，Molecular Orbital Coefficientsの部分に出力されています．図2の出力を見ると，1番目の分子軌道は，

$$\psi_1 = 0.99422\,\mathrm{O}_{1s} + 0.02584\,\mathrm{O}_{2s} - 0.00416\,\mathrm{O}_{2pz} - 0.00558\,\mathrm{H}_{1s} - 0.00558\,\mathrm{H}_{1s}$$

と表現されますが，O_{1s} の係数が他に比べ圧倒的に大きいことから，この分子軌道は酸素原子の1s軌道であることが分かります．

2番目の分子軌道は

$$\psi_2 = -0.23377\,\mathrm{O}_{1s} + 0.84451\,\mathrm{O}_{2s} - 0.12280\,\mathrm{O}_{2pz} + 0.15557\,\mathrm{H}_{1s} + 0.15557\,\mathrm{H}_{1s}$$

と表されますが，大部分は酸素原子の2s軌道からの寄与です．2つの水素原子の1s軌道からの寄与も若干あり，O_{2s}と2つのH_{1s}の係数の符号は等しいことからこの分子軌道は2つのOH結合の生成に幾分か寄与しています．

3番目の分子軌道は

$$\psi_3 = 0.61275\,O_{2py} + 0.44925\,H_{1s} - 0.44925\,H_{1s}$$

で，酸素原子の$2p_y$軌道と2つの水素原子の1s軌道の係数はいずれも大きく，同程度です．これを模式的に示すと図3のようになります．この分子軌道では，酸素原子の$2p_y$軌道と2つの水素原子の1s軌道によってOH結合が生成されており，OH結合についての結合性軌道となっています．

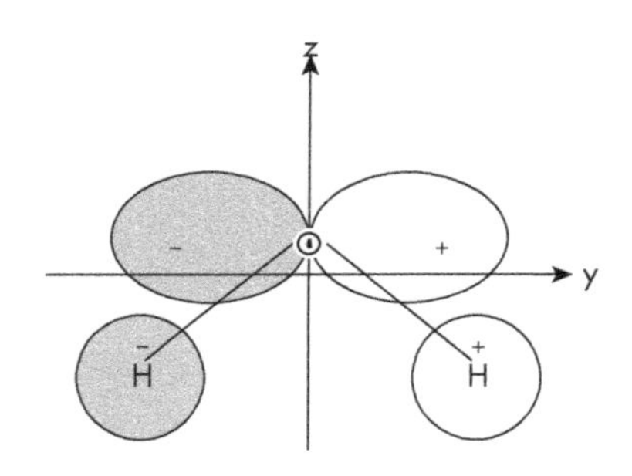

図3　3番目の分子軌道の模式図

4番目の分子軌道は

$$\psi_4 = -0.10404\,O_{1s} + 0.53817\,O_{2s} + 0.75574\,O_{2pz} - 0.29520\,H_{1s} - 0.29520\,H_{1s}$$

と表されます．図4から分かるようにO_{2pz}とH_{1s}はOH結合の生成に寄与しています．

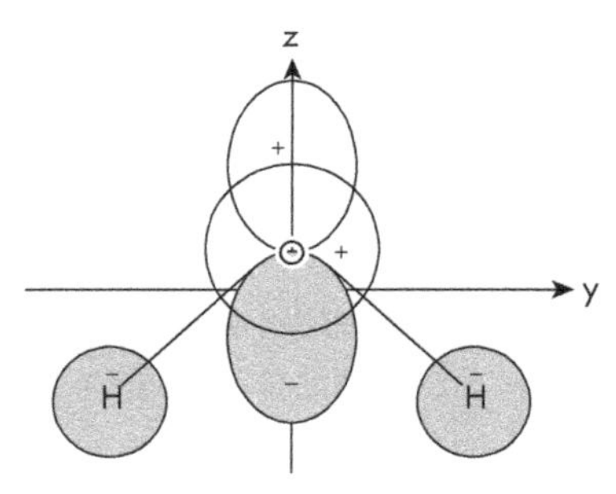

図4　4番目の分子軌道の模式図

5番目の分子軌道は

$$\psi_5 = 1.00000\ \mathrm{O}_{2px}$$

で，これは酸素原子の $2p_x$ 軌道そのものです．この軌道は分子面（yz 面）に垂直な方向へ分布しています．この軌道中の2つ電子は複数の原子に共有されておらず，孤立電子対（lone pair）です．

以上，占有軌道について見てきたように，水分子のOH結合は主として3番目と4番目の分子軌道の寄与によるものであり，加えて2番目からの寄与があることが分かります．ここでは，最も単純な最小基底（STO-3G）を用いた結果について見てきましたが，より大きい基底関数を用いた場合でもこれらの占有軌道の本質は基本的に同様です．

仮想軌道についても同様に見ると，酸素原子上の軌道と水素原子上の軌道が異符号で混ざりあった反結合性軌道であることが分かります．6番目の分子軌道は4番目の分子軌道に対応する反結合性軌道，7番目の分子軌道は3番目の分子軌道に対応する反結合性軌道となっています．

水分子のような小さい分子では，ここで行ったように分子軌道を1つ1つ調べていくことができますが，分子が少し大きくなっただけでもこのような方法で調べることは困難になります．実際には，グラフィックソフトを用いて分子軌道を視覚的に把握することが一般的です．GaussViewを用いると，Gaussianのフォーマット型チェックポイントファイル（拡張子.fchk）から，以下の手順で分子軌道を可視化することができます．

1. Gaussianインプットファイルのルートセクションに"formcheck"を加えて計算を流すと，拡張子.FChkのフォーマット型チェックポイントファイルが生成されます．ファイル名がTest.FChkのような場合は，適当にファイル名を変更するのが良いでしょう．
2. GaussViewで[File]－[Open…]を選択し，ファイルの種類としてGaussian Formatted Checkpoint Files (*.fch*)を選び，1で生成した.FChkファイルを開きます．
3. [Results]－[Surfaces/Contours…]を選択すると，「Surfaces and Contours」ウィンドウが開きます．
4. [Cube Actions]ボタンを押して[New Cube]を選択すると「Generate Cubes」ウィンドウが開きます．Typeとして[Molecular Orbital]を選び，「Orbitals:」に描画したい軌道の番号を指定して[Ok]ボタンをクリックすると，「Cubes Available:」リストに描画に必要なcubeデータが追加されます．

5. 4で生成したデータが「Cubes Avalable:」リストで選択されていることを確認し，[Surface Actions] ボタンを押して [New Surface] をクリックすると，分子軌道が可視化されます．

デフォルトの描画方法では，分子のモデルの上に分子軌道の図が重なって表示されて見にくいので，半透明で表示されるように設定すると良いでしょう．[File] − [Preferences…] メニューの左リストから [Display Format] を選択します．[Surface] タブをクリックすると一番上に「Format:」ドロップダウンリストがあるので，[Transparent] に設定すると分子軌道の表示が半透明になります．このようにして，先ほどの水分子の4番目の分子軌道を GaussView で表示したものが図5になります．分子軌道の位相（符号）が，異なる色で表されており，確かに図4と対応した分子軌道になっていることが分かります．

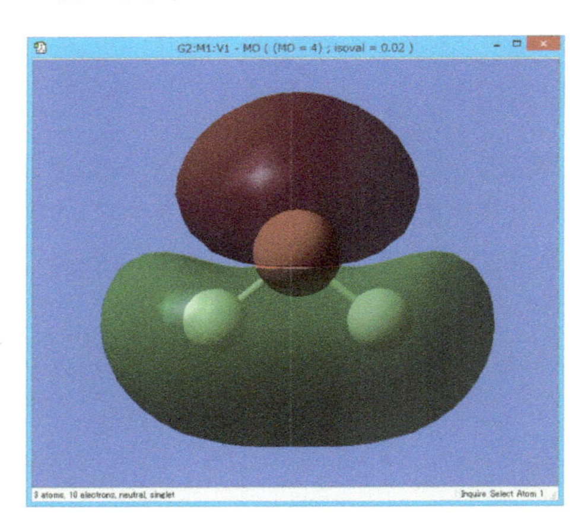

図5　GaussView で図示した水分子の4番目の分子軌道

分子軌道の可視化ができるソフトウェアには GaussView 以外のものもあり，中にはフリーソフトもあります．それらの利用法については F4で紹介しています．

[1] 日本化学会編，第5版　実験化学講座12 計算化学（丸善，2004）．

B10. 分子の電子密度，双極子モーメントや各原子の電荷が知りたい

量子化学計算を行うと，全エネルギーや分子軌道，軌道エネルギーが得られるだけでなく，電子密度や双極子モーメント等の結果も知ることができます．電子密度解析では，一般に，Mulliken や Löwdin の方法が用いられます．最近では自然密度解析（Natural Population Analysis: NPA）や自然結合軌道（Natural Bond Orbital: NBO）を用いた解析もよく行われるようになりました．また，電子密度が表す静電ポテンシャルを再現するよう原子座標における電荷を決める ESP(Electrostatic Potential)charge を求めることができます．これらの解析方法の理論的詳細は他書に譲り [1,2]，ここでは具体的な例を用いて解析の方法を説明します．

分子の電子密度解析

この節では，基底関数に6-31G* を用いたベンゼンの B3LYP 計算を電子密度計算の例として用います．電子密度解析を行うには，インプットファイルで "Pop=Full" というオプションを指定します．そうすると，"Gross orbital populations:" の後に，図1のように各原子軌道の占有数が出力されます．

```
     Gross orbital populations:
                              1
  1 1   C  1S          1.99188
  2        2S          0.71118
  3        2PX         0.76135
  4        2PY         0.74961
  5        2PZ         0.56355
  6        3S          0.51292
 ……………… (略)
```

図1　ベンゼンの炭素原子軌道の占有数

左側の列から，基底関数のラベル，原子のラベル，基底関数の種類に関するラベル，占有数の順です．基底関数1はC原子のs軌道を表現するために置かれた基底関数で，1.99188個の電子が占有していることを示します．つまり，C原子の1S，2S，3Sの占有数を加えることで，s軌道全体の占有数（約3.2）が分かります．p型の基底関数PX，PY，PZやd型の基底関数XX，YY，ZZ，XY，XZ，YZの占有数は分子

の座標を "Standard Orientation" で表したときの値です．ただし，ルートセクションで "NoSymm" を指定した場合は，"Input orientation:" の座標で表した値になります．d 型の基底関数 XX，YY，ZZ，XY，XZ，YZ は spherical な（球面調和）関数でなく，デカルト型の d 関数であることを示しています．

次に，"Mulliken atomic charges:" と "Atomic charges with hydrogens summed into heavy atoms:" が出力されます（図2）．前者は原子ごとの全電荷を原子軌道の占有数から求めています．後者は H 原子の電荷を結合している C，N，O などの重原子に足し合わせた結果です．開殻系の場合，"Atomic-Atomic Spin Densities" が出力され，どの原子に電子スピンが存在するのかを調べることができます．

```
 Mulliken charges:
               1
     1  C   -0.128534
     2  C   -0.128534
（中略）
     7  H    0.128534
     8  H    0.128534
（略）
 Sum of Mulliken charges =   0.00000
 Mulliken charges with hydrogens summed into heavy atoms:
```

図2　ベンゼンの Mulliken atomic charges

Mulliken 電子密度解析は簡便で有用な解析法ですが，用いる基底関数系に大きく依存することに注意する必要があります．特に大きな問題となるケースとして，広がった電子を記述する分散関数を使用する場合や，アルカリ金属を含む分子を計算する場合が知られており，電子数が負になることすらあります．そのような場合でもまずまず良い解析結果を与える方法が，NPA です．ここでは NPA について，分子の Lewis 構造に適合するように軌道を再構成する NBO 解析と併せて説明します．

"Pop=NBO" と指定すると，Mulliken 密度解析ではなく NPA と NBO 解析を行います．NBO 解析では最初に電子密度を各原子上で Cor（内殻電子），Val（価電子），Ryd（Rydberg）の 3 つに分けて解析します（図3）．

```
 NATURAL POPULATIONS:  Natural atomic orbital occupancies

   NAO  Atom  No  lang   Type(AO)    Occupancy      Energy
 -------------------------------------------------------------
     1    C    1   S     Cor( 1S)     1.99909     -10.04033
     2    C    1   S     Val( 2S)     0.96301      -0.16513
     3    C    1   S     Ryd( 3S)     0.00055       1.23716
```

```
     4     C    1   S       Ryd( 4S)      0.00003          3.97598
     5     C    1   px      Val( 2p)      1.06437         -0.02957
     6     C    1   px      Ryd( 3p)      0.00443          0.69722
     7     C    1   py      Val( 2p)      1.19644         -0.04877
     8     C    1   py      Ryd( 3p)      0.00523          1.12476
     9     C    1   pz      Val( 2p)      0.99856         -0.09665
    10     C    1   pz      Ryd( 3p)      0.00061          0.62626
(中略)
 Summary of Natural Population Analysis:

                                        Natural Population
                 Natural  -----------------------------------------------
    Atom  No     Charge         Core      Valence    Rydberg      Total
 -----------------------------------------------------------------------
      C    1    -0.23510      1.99909     4.22238    0.01363     6.23510
      C    2    -0.23510      1.99909     4.22238    0.01363     6.23510
(中略)
      H   12     0.23510      0.00000     0.76403    0.00087     0.76490
 =======================================================================
   * Total *     0.00000     11.99457    29.91846    0.08697    42.00000
```

図3　ベンゼンのNatural population

1番目のC原子の内殻の1s軌道には電子が1.99909個，価電子の2s軌道に0.96301個，Rydberg軌道にはほとんど占有してないことを示しています．また，各原子軌道に対する軌道エネルギーも出力されます．Summaryのところに原子ごとの和が表示されており，NPAではここのNatural Chargeの値がMulliken電荷の代わりに用いられます．Mulliken電荷と比較すると，natural chargeはC-Hの分極が大きくなっていることが分かります．

次に，各NBO軌道の占有数が出力されます（図4）．1番目のNBO軌道は1番目のC原子と2番目のC原子の結合性軌道で電子が1.98098個，2番目のNBO軌道も1番目のC原子と2番目のC原子の結合性軌道で1.66533個電子が占有しています．右側に書いてある各軌道の寄与から，1番目のNBO軌道が2s軌道と2p軌道がsp^2混成した結合性のσ軌道で，2番目が結合性のπ軌道であることが分かります．ベンゼンではσ性の軌道の方がπ性の軌道より占有数が多いことが分かります．軌道の番号と占有数の次に書いてあるラベルの意味はBD(結合性軌道)，BD*(反結合性軌道)，CR(内殻軌道)，RY*(Rydberg軌道)です．

なお，"Pop=NPA"と指定すると，NBO解析を行うことなくNPAのみを実行することも可能です．

```
     (Occupancy)   Bond orbital/ Coefficients/ Hybrids
 ---------------------------------------------------------------------------------
   1. (1.98098) BD ( 1) C   1 - C   2
           ( 50.00%)   0.7071* C   1 s( 35.22%)p 1.84( 64.74%)d 0.00(  0.04%)
                                            0.0000  0.5934 -0.0079  0.0007  0.7063
                                            0.0305 -0.3838  0.0192  0.0000  0.0000
                                           -0.0150  0.0000  0.0000  0.0065 -0.0113
           ( 50.00%)   0.7071* C   2 s( 35.22%)p 1.84( 64.74%)d 0.00(  0.04%)
                                            0.0000  0.5934 -0.0079  0.0007 -0.6855
                                            0.0014  0.4198  0.0360  0.0000  0.0000
                                           -0.0131  0.0000  0.0000  0.0097 -0.0113
   2. (1.66533) BD ( 2) C   1 - C   2
           ( 50.00%)   0.7071* C   1 s(  0.00%)p 1.00( 99.96%)d 0.00(  0.04%)
                                            0.0000  0.0000  0.0000  0.0000  0.0000
                                            0.0000  0.0000  0.0000  0.9997 -0.0135
                                            0.0000  0.0097 -0.0173  0.0000  0.0000
           ( 50.00%)   0.7071* C   2 s(  0.00%)p 1.00( 99.96%)d 0.00(  0.04%)
                                            0.0000  0.0000  0.0000  0.0000  0.0000
                                            0.0000  0.0000  0.0000  0.9997 -0.0135
                                            0.0000 -0.0198 -0.0003  0.0000  0.0000
(以下略)
```

図4　ベンゼンの各NBO軌道の構成と占有数

ESP電荷には，静電ポテンシャルへのフィッティング法を選択するオプションがあります．最も有名なのはMerz-Kollman(MK)電荷で，分子動力学計算の原子電荷にも採用されています．MK電荷はpop=mkにより計算できます．MK法では，原子位置を中心とする球の外側で静電ポテンシャルをフィッティングするため，各原子に対してその半径が必要です．多くの元素に対してデフォルト値が用意されていますが，例えば遷移金属などはデフォルト値がないため，

```
GetVDW:  no radius for atom  37 atomic number  26.
```

というエラーでプログラムが止まってしまいます．このような場合は，pop=(mk,readradii)とし，分子構造の入力の後に，

```
……構造の入力……
(空行)
Fe 2.0
(空行)
```

のように，不足している元素のラベルと半径(Å単位)を指定します．半径は，原子半径やvan der Waals半径を参考にしつつ，その前後で結果があまり変動しないところを選びます．

Gaussian09には最近提案されたHu, Lu, Yangによる電荷フィッティング法[3]が実装されており，pop=hlyによって計算されます．この場合も元素に制限があり，オリジナルのHLY法は第3周期までの元素しか計算できません．これを全元素に拡張したGaussian版のHLY法がpop=hlygatによって計算できます．例として，トルエンの結果を図5に示します．有機電子論では，メチル基がベンゼンに電子供与し，メチル基から見てオルト位とパラ位の電子密度が上がるため，求電子置換反応はオルト・パラ位がメタ位よりも優先すると説明されます．ESP電荷（図5左）はまさにそうなっており，ベンゼンのESP電荷（－0.105）と比較し，オルト位（－0.250）とパラ位（－0.151）は負の方向へ，メタ位（－0.079）は正の方向へ大きく変化しています．一方，Natural charge(図5右）でもオルト位とパラ位がメタ位よりも負に帯電しているものの，差がはっきりしていません．特に，オルト位はベンゼンのNatural charge(－0.235）よりも正に傾いています．したがって，オルト・パラ配向性についてはESP電荷のほうが良く説明しています．しかし，注意深く見ると，メチル基のESP電荷を合計すると－0.089となり，メチル基はベンゼンから電子を吸引していることになります．電荷としてはわずかですが，電子を供与するのか吸引するのか，という定性的な性質が有機電子論と異なっているのは気になります．一方，Natural chargeではメチル基の電荷は合計0.033で，メチル基はベンゼンに電子を供与しています．このような違いが生じる原因としては，ESP電荷は分子が形成する静電場を反映して決められているのに対し，Natural Chargeは原子軌道の占有数に基づき決められていることにあります．つまり，正に帯電した求電子剤が攻撃しやすいサイトはどこか，という質問は遠距離のクーロン力で決まると考えるとESP電荷で良く説明できることに

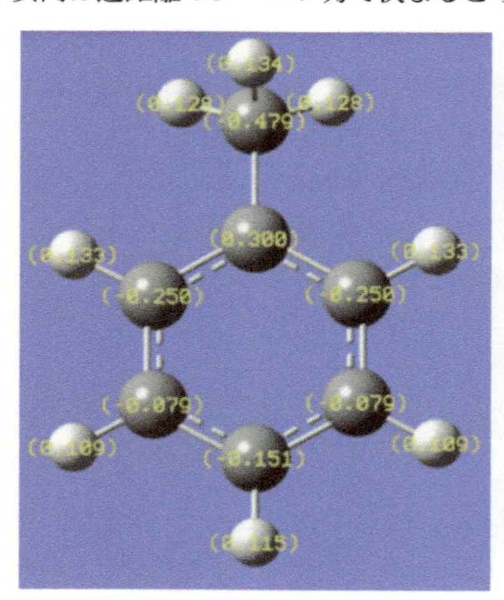

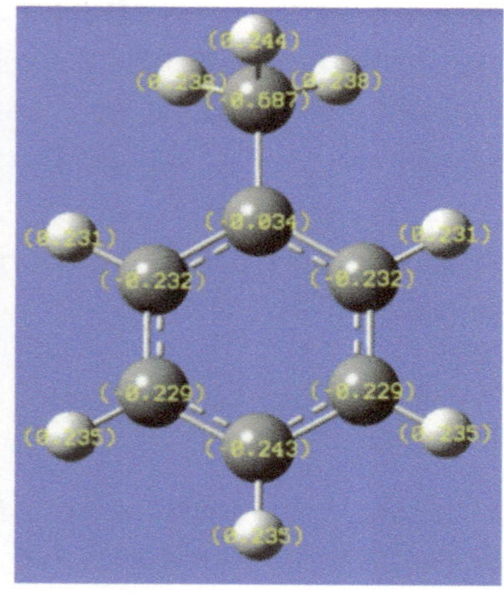

図5　トルエンのHLY法によるESP電荷（左）とNBO解析によるNatural Charge(右)

納得ができます．一方，化学反応は，全電子密度のクーロン力ではなく，HOMO-LUMO の軌道間の相互作用のように，価電子の挙動が大きく影響する場合もあります．そのような場合は，価電子軌道に対する化学的な直観とそれらへの電子の配置に足場をおいている Natural charge のほうが分かりやすい結果を与えます．

いずれにせよ，分子中の原子の電荷は自然にあるものではなく，我々が定義している概念なので，そのフィロソフィーが自分の目的に向いている方を用いることが肝心です．うまく使い分けて解析すると，分子に対する理解が深まる有用なツールだと思います．

分子の電気双極子モーメント

分子の電気双極子モーメントは実測可能な物理量であり，量子化学プログラムでは比較的簡単に計算できるのでたいてい出力されます．電荷を持つ複数の粒子が互いに結合している場合，系全体の双極子モーメント μ は以下のように定義されます．

$$\mu = \sum_i Q_i \mathbf{r}_i \tag{1}$$

ここで Q_i，$\mathbf{r}_i$ は i 番目の粒子の電荷と位置ベクトルであり，和は系を構成するすべての粒子についてとります．分子の場合には系を構成する粒子は原子核と電子であり，原子核は古典的粒子としてある空間位置に存在する質点として扱われますが，電子は波動関数として空間的に広がっているものとして扱われるので，双極子モーメントは次の式で表されます．

$$\mu = \sum_{A=1}^{M} Z_A \mathbf{R}_A - \sum_{i=1}^{N} \int \Psi^* \mathbf{r}_i \Psi d\mathbf{r}_1 \cdots d\mathbf{r}_N \tag{2}$$

ここで Z_A，$\mathbf{R}_A$，$\mathbf{r}_i$ はそれぞれ原子核 A の原子番号と位置ベクトルおよび電子 i の位置ベクトル，M，N はそれぞれ原子核と電子の数を表し，Ψ は N 電子波動関数を表すものとします．(2) 式は原子単位系で書かれているので，電子と原子核の電荷はそれぞれ -1 と Z_A になります．第1項は各原子の座標によって決まり，第2項は電子波動関数が決まると電子の位置の期待値として求めることができます．

例えば，B3LYP/6-31G* レベルで水分子を Gaussian で計算すると，下に示すように，"Dipole moment" の後に双極子モーメントの方向や大きさが出力されます．軸は Standard orientation に対して決められたものを用いています．

```
Dipole moment (field-independent basis, Debye):
    X=     0.0000    Y=     0.0000    Z=    -2.0964  Tot=     2.0964
```

電子の波動関数は計算方法に依存しますが，プログラムによっては量子化学計算で指定した計算方法が双極子モーメントの計算に必ずしも適用されるわけではないので注意が必要です．例えば計算方法としてMP2を指定すると，電子エネルギーはMP2レベルで求められますが，キーワードでとくに指定をしないとHartree-Fockレベルの電子波動関数を使って計算された双極子モーメントが出力されます．ただし，MP2レベルでエネルギー勾配を解析的に計算する場合（例えば構造最適化計算を行った場合）にはMP2レベルの電子波動関数を計算することは容易になるので，計算コストをあまりかけずにMP2の双極子モーメントを得ることができます．Gaussianでは，ルートセクションにDensity=Currentを追加することで，エネルギー勾配を計算しない場合でも指定した計算レベルでの双極子モーメントを出力することができます．

式(1)，(2)は実は電気的に中性な分子に対して有効な式であり，系全体として電荷を持っている系に対しては座標原点の位置のとり方により値が変わってくるので適用できません．全体として電荷を持った系に対しては，別のスキームが必要になります．分子系に電場をかけたときに系のエネルギーは変化しますが，そのエネルギー変化は以下のように表すことができます．

$$E(\mathbf{F}) = E(\mathbf{0}) + \sum_{\alpha}^{xyz} \frac{\partial E}{\partial F_\alpha} F_\alpha + \frac{1}{2} \sum_{\alpha,\beta}^{xyz} \frac{\partial^2 E}{\partial F_\alpha \partial F_\beta} F_\alpha F_\beta + \cdots \tag{3}$$

ここで$\mathbf{F} = (F_x, F_y, F_z)$は系にかけられた電場とします．電場に関して1次の項の微係数にマイナスをつけたものが双極子モーメントのもう1つの定義です．つまり，分子系に電場をかけた量子化学計算が可能であれば，電気的に中性でない系に対しても，電場に関するエネルギー微分を数値的に求めて双極子モーメントを見積もることが可能になります．電場をかけた場合には分子系の電子はより分極しますので，双極子モーメントを精度良く見積もるためには十分な基底関数を加えることが必須となります．Gaussianでは，Fieldキーワードを使って外場のかかった分子の計算を行うことができます．

[1] F. Jensen, Introduction to Computational Chemistry, 2nd ed. (Wiley, 2007), Chap.9.
[2] E.D. Glendening, C.R. Landis, F. Weinhold, *WIRES Comput. Mol. Sci.*, **2**, 1 (2012).
[3] H. Hu, Z. Lu, W. Yang, *J. Chem. Theory Comput.*, **3**, 1004 (2007).

B11. 計算精度と計算時間の関係は？

電子状態理論には，これまで述べてきたように様々な方法が提案されています．一般的に，高精度な手法ほど計算コストは高価になるため，実際に用いる計算手法は精度と計算コストのバランスを考慮したうえで決める必要があります．しかし，その「適度な」バランスはケース・バイ・ケースで，実際，私たちの研究はその妥当性を調べることにかなりの時間を割かれているのが現状です（論文では preliminary calculations と一言で済まされてしまいますが）．したがって，この問題を一般的に論じるは難しいのですが，以下に筆者らの経験から思うところを述べてみます．

ab initio 電子状態理論は系統だった開発がなされているので，次のように計算レベルの序列がつけられます．

$$\mathrm{HF} \ll \mathrm{MP2} < \mathrm{CCSD}, \mathrm{MP4} < \mathrm{CCSD(T)}$$

密度汎関数法（DFT）は理論の枠組みが異なり，汎関数を改善する方向が必ずしも明確ではないので，一概に言い切れませんが，経験的に MP2 と CCSD の間に位置していると考えられます．また，高精度な計算を実現するには，手法に合った基底関数を組み合わせることが重要です．MP2，B3LYP 程度では DZP/TZP（+ diffuse）レベルの基底系でも十分ですが，MP4, CCSD(T) などの高精度の計算には，少なくとも TZP を下限として，可能な限り大きな基底系を組み合わせなければ真価を発揮しません．例えば，MP2/cc-pV5Z や CCSD(T)/6-31G のような組み合わせではバランスが悪い印象を受けます．

MP2 や DFT は電子相関を考慮した方法としては比較的低いレベルに位置していますが，安定状態や遷移状態などの構造に関してはかなり良い精度が期待でき，実験値から ± 0.01 Å の誤差で計算できます．これらの方法は，構造パラメータの収束は速いですが，活性化障壁や安定化エネルギーなど，エネルギーに関する物理量については精度が不十分であると言われています．化学的精度（1 kcal/mol 程度の精度）を達成するには CCSD(T)/TZP レベル以上が要求されることは珍しくありません．しかし，このあと述べるように高度な電子相関理論は非常に計算コストが高く，現実的には計算は相当大変になります．このような事情から，現在では構造最適化を密度汎関数法（B3LYP/DZP）で行い，得られた構造を用いて高価な手法でエネルギーを求め直すことがよく行われています．

計算負荷は基底関数の数（M）の何乗に比例するかが問題とされます．HF 計算は

4乗に比例しますが，電子相関理論では高度な手法ほど大きなスケーリングを持ちます（表1）．しかし，これらは理論式上でのスケーリングであり，実際には急激な計算負荷の増加を避けるために積分のカットオフなど様々な技術が駆使されています．実際にGaussian09を用いてフッ化水素分子を並べたクラスターのエネルギー計算を行ったところ，計算時間は図1のようになりました．HFとDFT（B3LYP）の計算時間はほとんど同じであることがわかります．MP2も小さい場合にはほとんどこれらと同じ時間で計算できますが，分子数が増えるに従って徐々に計算時間が増していきます．また，CCSD(T)法は非常に高価な方法であることが明らかです．このグラフを両対数でプロットし，傾きを計算するとスケールを見積もることができますが，今回のケースではHFやDFTでは3.2–3.3乗，MP2で3.5乗，CCSD(T)で5.8乗程度と，理論上のスケールよりも良くなっています．ただし，Gaussianでは分子の大きさに応じて様々なアルゴリズムを使い分けており，また計算機内でのメモリ使用の効率なども影響するため，必ずしも理論上のスケーリングよりも良くなるとは限りませんので注意してください．また，非常に大きな分子を計算するためにスケールを線形（M^1）に減らすリニアスケーリング法の開発も，近年盛んに行われています．これについてはE8で述べます．

表1　様々な電子相関法の基底関数の数（M）に対する計算負荷のスケーリング

スケール	CI法	MP法	CC法
M^5		MP2	CC2
M^6	CISD	MP3,MP4(SDQ)	CCD,CCSD
M^7		MP4	CCSD(T),CC3
M^8	CISDT	MP5	CCSDT
M^9		MP6	
M^{10}	CISDTQ	MP7	CCSDTQ

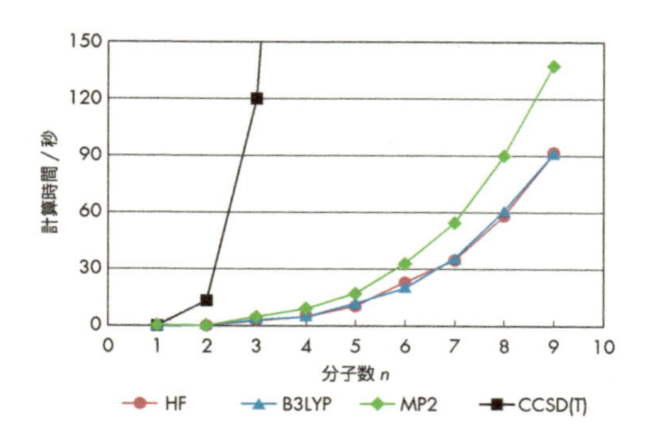

図1　フッ化水素n分子のエネルギー計算を実行したときの計算時間

B12. エラーの意味と対処法を教えてください

Gaussianのジョブが正常に終了した場合は，アウトプットファイルの最後に

```
Normal termination of Gaussian 09.
```

と出力されますが，エラーが発生した場合は，

```
Error termination via Lnk1e in /usr/local/apl/g09/bin/l1.exe.
```

などと出力されジョブが停止します．後者の場合，エラーの発生箇所にエラーに応じたメッセージが出力されます．ここでは，Gaussianを使い始めた人がよく目にするエラーメッセージのいくつかについてその対処法とあわせて例示します．

なお，Gaussianのエラーに対する対処法は，販売代理店であるHPCシステムズのウェブページ（http://www.hpc.co.jp/gaussian_nyumon.html）にも詳しくまとめられています．併せて参考にしてください．

例1

```
QPErr --- A syntax error was detected in the input line.
# HF/STO-3G GEOM=CHEKPOINT
                 '
```

キーワードのスペルミスがあると上のようなエラーメッセージが出力されます．エラーの箇所は「'」で示されます．この例では，CHEKPOINTのつづりに誤りがあることを示しています．

```
Geom=Checkpoint
```

と正しいキーワードに訂正します．なお，大文字・小文字はどちらでも構いません．

例2

```
0  1
O
H  1  1.0
H  1  1.0  2  100.0
```

という分子構造の入力に対して，

```
Charge =  0 Multiplicity = 1
Symbolic Z-Matrix:
O
H                    1    1.
H                    1    1.       2     100.
End of file in ZSymb.
```

のようなエラーが出力された.

このようなエラーメッセージが出る原因には，入力ファイルの最後に空行がないことが考えられます．Gaussianでは最後の空行は入力の終わりを意味するので，空行を忘れないようにしなければなりません.

例3

```
O
H                    1    r
H                    1    r       2    a
      Variables:
Wanted a floating point number as input.
Found an integer as input.
r=1
```

変数（ここではr）に対する値が，小数値であるべきなのに整数値（ここでは1）が見つかったことを意味しています.

```
r=1. または r=1.0
```

のように小数にします.

例4

```
The combination of multiplicity 1 and     9 electrons is impossible.
```

対象としている系の電子数（ここでは9）に対して，指定されたスピン多重度（ここでは1，すなわち1重項状態）はありえないため，このようなエラーがでます.

このときは，例えば，対象としている系の電子状態が中性で2重項なら，電荷とスピン多重度の部分を

```
0  2
```

と指定します（左側が電荷で右側がスピン多重度）.

例5

```
>>>>>>>>>> Convergence criterion not met.
SCF Done: E(RB+HF-LYP) = -1161.77719723 A.U. after 65 cycles
```

SCF計算が設定された繰り返し回数（ここでは65回）では収束しなかったときに出るエラーメッセージです．

```
SCF=(MaxCycle=200)
```

のように指定すれば，SCF計算の繰り返し回数の上限を上げることができますが，Gaussianではこのような方法で収束することは稀です．まずは入力座標に誤りがないか確認し，構造最適化計算では構造パラメータとしてより良い初期値を用意する必要があります．それでも収束しない場合は，次のオプションを指定して二次の収束法を試してみると良いでしょう．

```
SCF=QC
```

まずは通常の収束アルゴリズムを実行し，収束しなかった場合に二次の収束を試す"SCF=XQC"というオプションもあります．また，基底関数のレベル（数）を落とすと一般的にSCF収束性は向上するので，特に構造最適化計算の場合には，最初に基底関数のレベルを落としておよその構造を求め，その構造を初期値にして最終的に必要なレベルの基底関数を用いた構造最適化計算を行うことも有用です．

例6　構造最適化計算で指定した繰り返し回数内に構造が収束しなかった場合，最後の収束判定のところで，

```
         Item               Value     Threshold  Converged?
Maximum Force            0.027324     0.000450     NO
RMS     Force            0.002840     0.000300     NO
Maximum Displacement     0.199447     0.001800     NO
RMS     Displacement     0.051148     0.001200     NO
Predicted change in Energy=-1.056516D-01
Optimization stopped.
   -- Number of steps exceeded,  NStep= 287
   -- Flag reset to prevent archiving.
                       ----------------------------
                       ! Non-Optimized Parameters !
                       ! (Angstroms and Degrees)  !
---------------------                              ---------------------
! Name  Definition              Value          Derivative Info.                !
--------------------------------------------------------------------------------
! R1    R(1,2)                  1.438          -DE/DX =    -0.0003              !
```

のように出力されます．さらに，出力ファイルの末尾ではError termination ... と出力されます．この例では，指定した287回では収束しなかったことを意味しています（Number of steps exceeded, NStep = 287）．これより前の収束判定の結果も見て，順

調に Force や Displacement の値が小さくなっていれば,

```
Opt=(MaxCyc=300, restart)
```

のように, MaxCyc で繰り返し回数を増やして(この例では300), 再スタート(restart)してください. ただし, 再スタートするには, チェックポイントファイルを作っておく必要があります.

例7

```
                       Distance matrix (angstroms):
                        1           2           3
     1  O     0.000000
     2  H     1.000000    0.000000
     3  H     1.000000    0.000000    0.000000
 Small interatomic distances encountered:      3     2
 Problem with the distance matrix.
```

3番目の原子と2番目の原子との距離が小さすぎるために出たエラーです. Distance matrix の3行2列の値は0.000000であるので, これらの原子は重なってしまっています. これらの原子間の距離が適切な距離になるように, 入力ファイルで指定した構造パラメータの値を変更する必要があります. このようなことは大きく複雑な分子の構造を指定するとき(とくに二面体角の指定)にしばしば見られますので気を付けてください.

例8

```
Out-of-memory error in routine RdGeom-1 (IEnd=      10500090 MxCore=       1000000)
Use %mem=11MW to provide the minimum amount of memory required to complete this step.
```

計算に必要なメモリが確保できなかったときに出るエラーメッセージです. 入力ファイルの始めの方に,

```
%mem= 確保するメモリ量
```

で必要なメモリを確保してください. Use %mem= 以降の数字は, 少なくとも %mem に指定が必要なメモリ量であり, この値を指定しても計算に十分であるとは限りません. ただし, コンピュータに搭載されている物理メモリの量を超えた量の指定は避けましょう.

[1] 堀憲次, 山本豪紀, Gaussian プログラムで学ぶ情報化学・計算化学実験(丸善, 2006).

C 計算実践編

C1. 構造最適化について教えてください

分子の安定構造や反応中間体の構造は化学において最も重要な情報ですが，これらを高い精度と信頼性で決められるのが量子化学計算の最大の魅力で，それゆえ，量子化学計算は他分野の化学者に大いに受け入れられているといっても過言ではないでしょう．実際，実験が主体の論文でも，分子構造を計算で確認し実験を補助することが普通になってきています．B7では水分子の構造最適化を行いましたが，ここではその原理を簡単に説明します．

再び水分子を例に考えます．HOHの角度を106度に固定し，OH距離を0.2 Å間隔でエネルギーを計算します．エネルギー計算の結果の見方はB6を参照してください．図1は得られたエネルギーをOH距離に対してプロットしたものです．

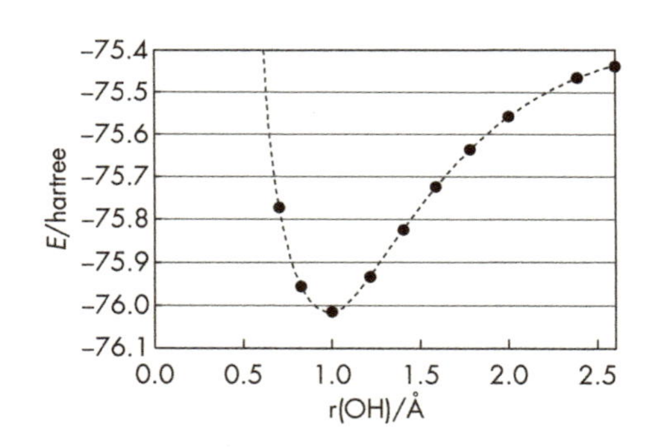

図1　OH距離に対する水分子のエネルギー変化（RHF/6-31G(d,p)）

よく誤解されるのですが，直感的にありえない分子構造でも（SCF計算が収束する限り）エネルギー計算は可能です．化学者の直感は，その構造におけるエネルギーが低いか高いか，すなわち分子が安定か不安定かという点に反映されます．図1から，結合長がおおよそ1.0 Åで最もエネルギーが低くなる，すなわち分子が最も安定になることが分かります．ここで大事なのは，図1に示すエネルギーは電子エネルギーと核間反発エネルギーの和で核の運動を支配するポテンシャルエネルギーであり，ポテンシャルエネルギーが極小値を取る構造は分子の安定構造に相当するということです．

さて，図1ではHOHの角度は勝手に106度に固定したため，角度の変化に対して極小になっていません．HOH 角度と OH 距離のどちらの変化に対しても極小になる真の安定構造はどのようにして求められるでしょう．1つは HOH の角度と OH 距離をそれぞれ変化させてエネルギー計算を行い，ポテンシャルエネルギーを2次元プロットし，極小点を見つける方法です．このアプローチは自由度が2個しかない水分子ならば可能ですが，一般的に N 原子分子は $f = 3N - 6$ 個の自由度を持ち，f 次元のポテンシャルエネルギー曲面をしらみつぶしに計算して極小を探すのは N が4以上になると不可能です．この問題は，f 次元の曲面から停留点を探し出す問題であり，そのアルゴリズムがいくつか考案されています．

図2は最適化のイメージ図です．最初の点でのエネルギー値とエネルギー微分（勾配ベクトル）を求め，エネルギーが降下する方向へ点を動かし，さらに動いた先で同じ操作からその次の点へ進み，極小点を目指す仕組みです．このように，エネルギー勾配を負の方向にたどる方法を最急降下（Steepest Descent: SD）法といいます．こうすることで，曲面全体の情報は必要なくなり，現在いる点の情報だけで構造最適化が実行できるのです．しかし，極小点の付近で勾配が小さくなると移動距離が小さくなってしまうため，SD 法は収束が遅いという大きな欠点があります．つまり，SD 法は極小点へ近づくだけで，極小点に至ることはありません．そのため，Gaussian や GAMESS では近似的なエネルギー2次微分を用いたアルゴリズムが採用されています．

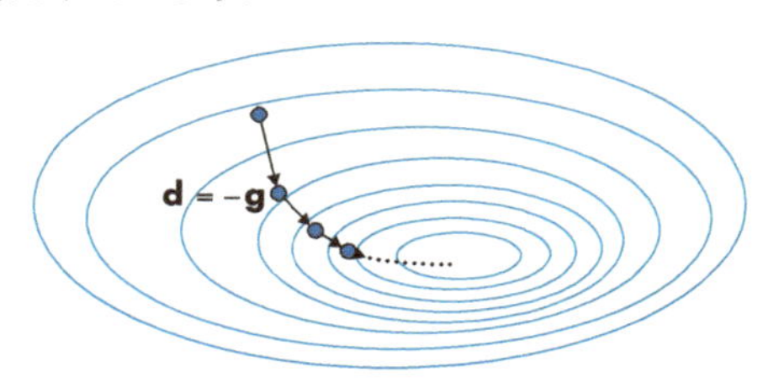

図2　最急降下（SD）法による最適化のイメージ．極小点に近づくほど移動距離が小さくなる．

構造最適化が完了したかどうかは，現在の点におけるエネルギー勾配の大きさにより判断されます．Gaussian の判定のしきい値は，デフォルトでは 4.5×10^{-4} hartree/bohr に設定されており，他の量子化学計算ソフトよりもやや大きいのですが，Opt=Tight や Opt=VeryTight といったオプションを用いることにより小さくすることができます．多くの場合，デフォルト値で十分な精度が得られますが，水素結合や van der Waals 結合などの弱い相互作用を持つクラスター系を扱うときは慎重に調べることをお勧めします．

C2. 構造最適化するときのコツについて教えてください

初期構造が大切！

最適化計算が収束しない．そんな憂き目にあった経験が誰しもあるのではないでしょうか．一般的に，大きくて複雑な系ほど収束は難しくなり，構造を求めるだけで大仕事です．ここでは，構造を収束させるためのヒントとテクニックを紹介します．

最適化において最も重要なのは初期構造です．初期構造は完全にユーザーに任されているので，初心者とプロの差はここに出ます．使える知識は総動員する姿勢が必要です．当然ながら，計算する分子の実験値を検索するのは基本です．NIST（http://webbook.nist. gov/chemistry/）や論文検索を活用しましょう．実験値がない場合，それに似た分子やイオン半径，van der Waals 半径などを参考にします．計算負荷が軽い低レベルの方法（HF ＋小さい基底関数や半経験的手法）であらかじめ最適化を行い，初期構造を作るのも有効です．非常に大きい分子系の場合，全体の最適化をいきなり行うより，末端を水素などで適当に置き換えた部分構造を先に最適化し，それを初期構造に使うと計算負荷の軽減だけでなく，収束も良くなるはずです．また，入力を間違えやすいので，必ずビューアーなどで確かめながら初期構造を作りましょう．

初期構造の次に重要なのは座標の選び方です．ところが，「良い座標」とは直感的なもので，一般的に定義できないところが厄介です．通常，デカルト座標よりも内部座標（結合長と結合角で分子の構造を表す）のほうが収束は速いと言われますが，これは結合長・結合角などが分子に働く力の方向をよく表しているためと思われます．したがって，例えば直接結合を作っていない原子間距離，すなわち直接力がかかっていない方向を座標に選ぶと，逆に収束が悪くなり発散することもあります．デカルト座標は収束が悪くても安定しているようです．実際の入力方法は後述します．

C1でも述べましたが，最適化のアルゴリズムはエネルギーの1次微分と2次微分を必要とします（2次微分の組を Hessian という）。多くの場合，2次微分の計算は非常に時間がかかるため，各ステップの情報から近似的に見積もられる2次微分で代用しています．しかし，この値は近似値にすぎないので，構造最適化が収束しないケースがあります．そこで，初期構造については正確な2次微分を計算し，それを近似2次微分の出発点とする方法も取られます．また，2次微分は「そこそこ」正確であればいいので，計算レベルを落とした2次微分を用いるのも有効です．例えば，MP2/6-31+G(d,p)で構造最適化を行うとき，HF/6-31G(d,p)で初期構造における2次微分を計算して用いると収束が良くなります（後述）．しかし，一般的に2次微分計算は解析的計算が可能であっても1次微分計算の数倍の時間がかかるので，2次微分を1回計算する間に最適化のステップが何回か進められます．つまり，計算負荷を軽減するメリットはあまりないのですが，構造が収束しない時に使うと有効です．

以上のような注意点はありますが，最近，コンピュータはとても速くなったうえ，最適化アルゴリズムも非常に進歩しているので，机の上でいろいろ悩むよりも，まずはプログラム任せで良いので計算を流してみるとよいでしょう．流しながら，計算経過を細かく追うことが大事です．例えば，

(1) エネルギーが振動せず減少しているか（B7参照）

(2) エネルギー勾配は小さくなっているか

(3) 各構造パラメータがどのように変化しているか

などを見ているうちに対策が思い浮かぶと思います．各ステップの構造をビューアーで確かめるのもよいでしょう．非常に地味な作業ですが，根気良く続けていくより他に道はないようです．

構造最適化の比較

例として，フッ化水素二量体の構造最適化計算を以下の3つの方法で行い，収束の様子を比較します．

1. 内部座標を最適化

Gaussianのデフォルトです（図1）．

```
%mem=20000000
#p MP2/6-31+G(d,p) Opt

(HF)2 MP2/6-31+G(d,p) Opt

0 1                                   0  1
F                                     F  0.0000   0.0000   0.0000
F 1 r1                      または    F  0.0000   0.0000   2.7379
H 1 r2 2 a1                           H  0.1176   0.0000   0.9185
H 2 r3 1 a2 3 180.0                   H  -0.8556  0.0000   3.0836

r1 2.738
r2 0.9261
r3 0.9229
```

```
a1= 7.3
a2= 112.0
```

図1　内部座標を用いた構造最適化．最適化される内部座標はプログラムが自動的に判別．

最適化される内部座標は自動的に選ばれます．構造の入力はデカルト座標・Z-matrixどちらも可能です．また，最適化する内部座標をZ-matrixで指定することもできます（図2）．その他，Opt＝ModRedundantを使って指定することもできます（次項参照）．

```
%mem=20000000
#p MP2/6-31+G(d,p) Opt=Z-matrix

(HF)2 MP2/6-31+G(d,p) Opt

0 1
F
F 1 r1
（以下，図1の Z-matrix と同様）
```

図2　内部座標を用いた構造最適化．Z-matrixで入力した内部座標を最適化．

2. デカルト座標を最適化

Opt＝Cartesianとします．構造の入力はZ-matrix・デカルト座標どちらでも可能です．

3. 2次微分を計算し，内部座標で最適化

マルチジョブが便利です（図3）．最初にRHF/6-31G(d,p)で求めた2次微分（Freq）をc2.chkに保存します．次のジョブ（Link1の後）で，Opt＝ReadFCにより2次微分を読み出しMP2/6-31+G(d,p)で最適化します．

```
%chk=c2.chk                         2次微分を c2.chk に保存
%mem=20000000
#p RHF/6-31G(d,p) Freq

(HF)2 RHF/6-31G(d,p) Hessian

0 1
F
F 1 r1
```

```
(以下, 図1と同じ Z-matrix)

--Link1—
%chk=c2.chk                                    保存されている2次微分を読み出す
%mem=20000000
#p MP2/6-31+G(d,p) Opt=(ReadFC) Geom=checkpoint

(HF)2 MP2/6-31+G(d,p) Opt

0 1
```

図3　初期構造で低レベル計算(RHF/6-31G(d,p))の2次微分を用いて構造最適化

図4に各手法でエネルギーがどのように収束していくかを示しました．低い計算レベルであっても正確な2次微分を計算してから最適化を行う方法(内部座標+Hessian)は，他に比べてとても速く収束することが明らかです．デカルト座標での最適化は，最初に大きな振動が見られます．この系では結果的に内部座標で最適化するよりも1ステップ速く収束していますが，Gaussianに実装されている高性能なアルゴリズムのおかげでたまたまこのようになったものであり，一般には内部座標で最適化する方が速く収束する場合が多いです．

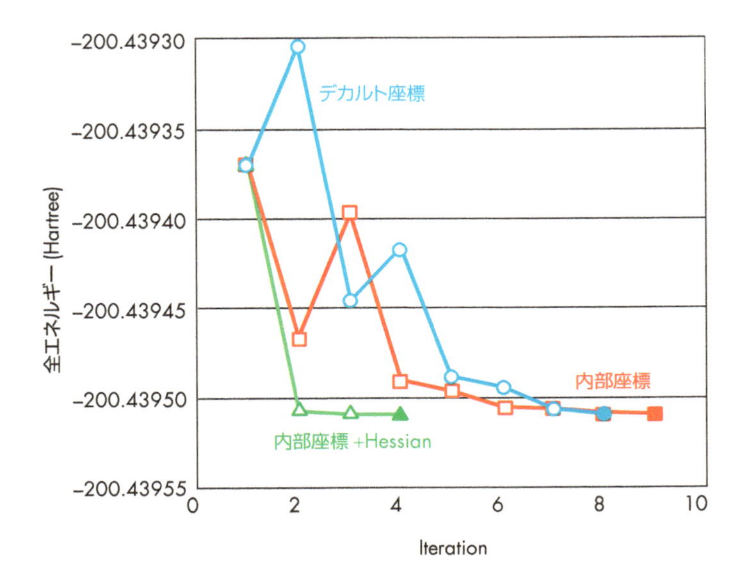

図4　フッ化水素二量体の構造最適化計算における各ステップの全エネルギー

C3. 構造最適化の細かいポイントについて

C1では構造最適化の原理を，C2では実践的なテクニックを紹介してきましたが，ここでは関連するその他のポイントについて述べます。

制限つき最適化

分子のある部分構造を固定し，他の部分を最適化できると便利なことがあります．反応経路を求める際に反応座標を固定し，残りの座標を最適化する場合などです．

Gaussian では Opt＝Z-matrix と Opt＝ModRedundant の2つの方法があります．前者では，構造を Z-matrix で入力し，変数値の後ろに A/F を付けて最適化する／しないを指定できます．あるいは，空行により最適化する座標としない座標に分けて入力します（図1，B7も参照）。この例では二面体角 D2 を 80度に固定し，その他の構造を最適化します．なお，変数を用いず値を直接 Z-matrix に書き込むと，それも固定されるので注意しましょう．Z-matrix で構造を入力するときはこの方法が便利です。

```
#p RHF/6-31G(d) Opt=Z-matrix

CH2OH+ RHF/6-31G(d) (Geometry optimization)

1 1
 C
 H 1 R1
 H 1 R2 2 A1
 O 1 R3 2 A2 3 D1
 H 4 R4 1 A3 2 D2
空行
 A1=120.0     A        または        A1=120.0            (変数)
 A2=120.0     A                      (中略)
 A3=120.0     A                      D1=180.0
 R1=1.0       A                      空行
 R2=1.0       A                      D2=80.0             (定数)
 R3=1.2       A
 R4=1.0       A
 D1=180.0     A
 D2=80.0      F
```

図1　Z-matrix による制限つき構造最適化

デカルト座標で構造を入力するときはOpt=ModRedundantを用いると便利です．図2のようにデカルト座標の後に固定する座標を指定し5 4 1 2の原子で構成される二面体角（D）を固定（F）します．この機能を利用して非常に柔軟な指定が可能です．例えば

```
B 1 2 A      ← 原子1, 2の結合長を最適化
A 5 4 1 F    ← 原子5, 4, 1の角度を固定
B 5 * B      ← 原子5と他のすべての原子の結合長を座標系に追加
X 1 F        ← 原子1のデカルト座標を固定
A 1 2 3 K    ← 原子1, 2, 3の角度を座標系から除く
```

等が可能です．書式の詳細はマニュアル（http://www.gaussian.com/g_tech/g_ur/k_opt.htm）に載っています．

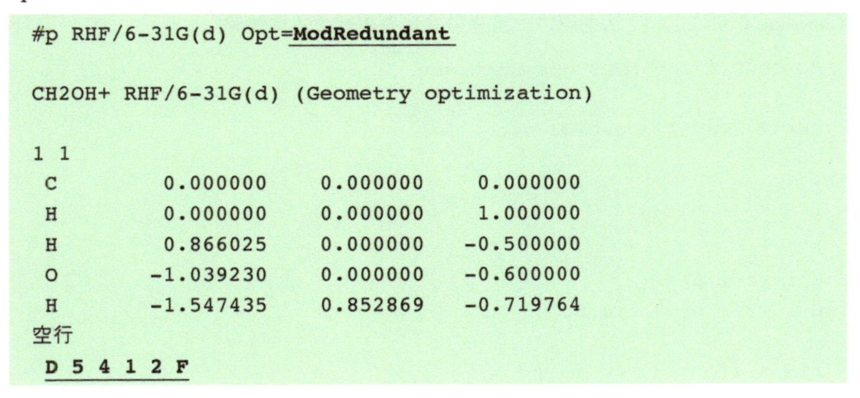

```
#p RHF/6-31G(d) Opt=ModRedundant

CH2OH+ RHF/6-31G(d) (Geometry optimization)

1 1
 C        0.000000    0.000000    0.000000
 H        0.000000    0.000000    1.000000
 H        0.866025    0.000000   -0.500000
 O       -1.039230    0.000000   -0.600000
 H       -1.547435    0.852869   -0.719764
空行
 D 5 4 1 2 F
```

図2　ModRedundant機能を用いた制限つき構造最適化

解析微分と数値微分

最適化計算にはエネルギーの1次微分が必要ですが，エネルギーの核座標微分は解析的に求める方法と数値的に求める方法があります．解析微分法は，まずエネルギーを核座標で微分したエネルギー微分の式を導出し，その式に基づき計算する方法です．エネルギーの表式は手法（HF, MP2, CISD, etc）により異なるため，当然その核座標微分の表式も異なります．つまり，微分値を解析的に求めるルーチンは各方法に対しそれぞれ開発する必要があります．このため，プログラムによって解析微分を計算するルーチンの揃い方が違います．Gaussian09の情報はhttp://www.gaussian.com/g_tech/g_ur/m_modelchem.htmに記載されています．HFやDFTのように基本的な方法の解析微分は多くのプログラムで揃っていますが，CCSDやMP4(SDQ)のような高次電子相関法の解析微分があるのはGaussianの1つの特徴と言えます．なお，

さらに高度なCCSD(T)や多参照理論の解析微分はGaussianにはありませんが，それが実装されているプログラムもあります．

一方，座標を微小値だけずらした構造でエネルギーを求め，微分値を求める方法を数値微分法と呼びます．数値微分は手法によらず同じルーチンで計算できるので，プログラム開発が簡単なのが利点です．しかし，原子数，すなわち核座標の数が増えると，多くのずらした構造でエネルギーを求めなければならず，莫大な計算負荷がかかるため，大きい分子になるほど不利になります．

Gaussianでは，解析微分が実装されていない理論でも数値微分による最適化計算が可能です．ただし，その場合EigenVector Followingというアルゴリズムが用いられるのですが，このアルゴリズムが正しく動くためにはZ-matrixで最適化しなければなりません．マニュアルにちゃんと書かれていないので，注意が必要です．図3はGaussianでCCSD(T)法を用いた構造最適化を実行する例です．

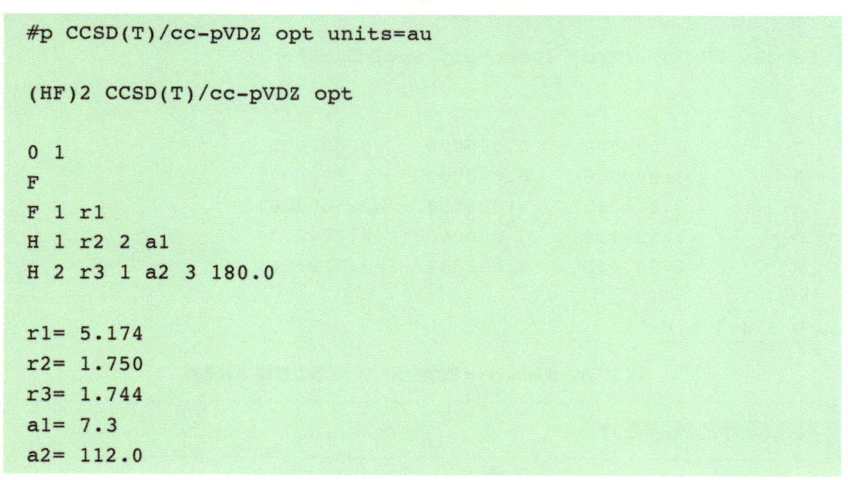

```
#p CCSD(T)/cc-pVDZ opt units=au

(HF)2 CCSD(T)/cc-pVDZ opt

0 1
F
F 1 r1
H 1 r2 2 a1
H 2 r3 1 a2 3 180.0

r1= 5.174
r2= 1.750
r3= 1.744
a1= 7.3
a2= 112.0
```

図3　CCSD(T)法を用いた構造最適化（数値微分）

また，次項で述べるように振動解析にはエネルギーの2次微分が必要ですが，これも同様に解析微分法と数値微分があります．解析微分がない場合，Gaussianは数値的に2次微分を求めます．計算時間が大幅に変わるので，どちらで求めているのか確認しておくと良いでしょう（B6参照）．

C4. 基準振動解析とは何ですか？

基準振動と安定構造

分子の調和振動数はエネルギーの2次微分から求まります．例えば，復元力$F=-kx$のばねの単振動を考えると，$F=-dV/dx$より

$$k=\frac{d^2V}{dx^2} \tag{1}$$

$$V=\frac{1}{2}kx^2 \tag{2}$$

となります．kはポテンシャルVの2次微分として得られ，振動数νはkと質量mにより次式で表されます．

$$\nu=\frac{1}{2\pi}\sqrt{\frac{k}{m}} \tag{3}$$

多原子分子の振動は多次元の連成振動になるので，kは行列となり，その成分は次式で定義されます：

$$k_{ij}=\frac{\partial^2 V}{\partial x_i \partial x_j} \tag{4}$$

k_{ij}を成分とする行列は力の定数（Force constant）行列またはHessian行列と呼ばれ，これを荷重座標に変換し対角化することで基準振動の振動ベクトルと振動数が得られます．式(2)のようにポテンシャルを2次形式に近似することを調和近似と呼び，νは調和近似に基づくので，調和振動数と言います．しかし，実際のポテンシャルは2次形式では書けず，振動数は高次項の影響を受けます．注意すべきなのは，高精度な手法を用いることで，精確な「調和」振動数が得られるものの，それは実験の基本振動数とは異なるということです．そのような非調和の効果についてE1で解説します．

与えられた構造でのHessian行列(4)の計算と振動解析は，時間はかかるかもしれませんが確実に計算可能です．その意味で，振動解析は最適化計算とは異なり気楽なのですが，問題は計算負荷が大きいことです．残念なことに，現時点で有効な工夫がないので，とにかく終わるのを気長に待つしかないようです．

C1で述べましたが，構造最適化はエネルギー勾配がゼロになる点（停留点）を探

索するので，得られた構造が極小点ではなく極大点である可能性もあります．(2)の形を見ると，kが正のときにポテンシャルは下に凸，負のときにポテンシャルは上に凸になります．つまり，前者は極小(安定状態)，後者は極大(不安定状態)になります(図1)．振動数はkの平方根で表されますから，kが正(負)であれば振動数は実数(虚数)になります．したがって，得られた振動数が全て実数であれば安定構造で，虚数の振動数が1つあるときは遷移状態です．基準振動解析は振動数を得るためだけでなく，構造最適化で得られた構造が確かに安定構造であることを確認するためにも必要な計算です．

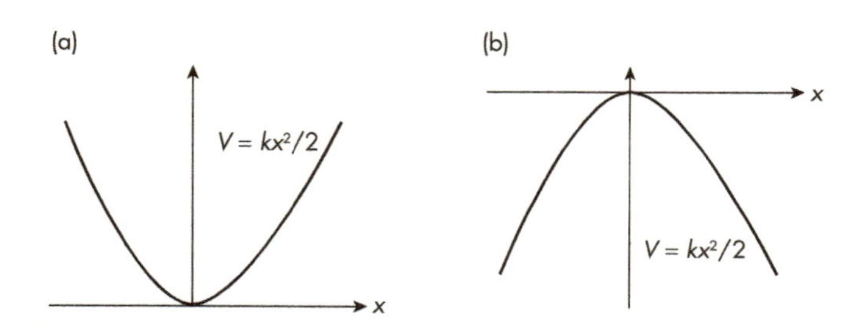

図1 (a) 安定状態 ($k > 0$) と (b) 不安定状態 ($k < 0$) のポテンシャル曲線

同位体置換

ある分子内の原子が他の同位体で置換されるときに，分子振動がシフトする現象を分子振動の同位体シフトと呼びます．現実に存在する物質は，安定同位体の組み合わせによって，無数に異なる同位体置換分子種(isotopologue)の混合物として存在しています．分子のポテンシャルエネルギーは実は電子エネルギーと核間クーロン反発エネルギーの和であるので(C1参照)，原子核の質量には依存しません．つまり，同位体置換体ともとの分子はHessian行列が一致します．Hessian行列の計算は通常簡単ではないので，もとの分子の振動数計算をすでに終えているなら，そこで得られたHessian行列を読み込み同位体置換体の振動数を計算することで計算負荷を大いに軽減できます．簡単に言うと，式(1)のkは同位体置換しても変わらないので，すでに求まっているkと同位体置換体質量m'を用いて振動数$\nu' = (1/2\pi)\sqrt{k/m'}$を求める，ということです．

振動数計算で一度求めたHessian行列を読み込み，水素を1つ重水素置換した分子の振動数計算を行う例を挙げます．Gaussianのインプットは以下のようになります．

```
%chk=freq.chk                振動解析で得られたチェックポイントファイルを指定
%mem=30000000
#p RHF/6-31G(d,p) Freq=(ReadFC,ReadIsotopes)

H2O RHF/6-31G(d,p) (Frequency)

0  1
O     0.000000     0.000000     0.113519
H     0.753149     0.000000    -0.454076
H    -0.753149     0.000000    -0.454076

298.15  1
16
2
1
```

図2　水素を1つ重水素置換した水分子の振動数計算．3行目の "ReadFC" は力の定数（Force Constant）行列を freq.chk から読み込むオプション，"ReadIsotopes" は同位体の入力を有効にするオプション．

ReadIsotopes の指定により，構造の後の質量の入力が有効になります．

```
298.15  1          温度(K)・圧力(atm)
16                 1 番目の原子(酸素)の質量数
2                  2 番目の原子(重水素)の質量数
1                  3 番目の原子(水素)の質量数
```

1行目は熱力学量を計算するためのオプションです．2行目以降に各原子の質量を入力します．ここで，整数値を入力するだけで正しい同位体の質量へ変換してくれるのは便利です．上の例では2を入力すると，重水素の質量2.014が指定されます．

同位体置換した分子の振動数計算は，Gaussian のユーティリティプログラム freqchk を利用しても実行することができます．GaussView を利用している場合は，GaussView から直接 freqchk を実行することが可能です．振動数計算を行った Gaussian のチェックポイントファイル（chk，.fchk）を開き，[Edit] − [Atom List…] を選択すると「Atom List Editor」（図3）が開きますので，2つある Mass の列に計算したい同位体置換分子種の質量数を入力します．「Atom List Editor」を閉じて，[Results] − [Vibrations…] を選択すると「Run FreqChk」ダイアログが開きます．この画面で左下にあるドロップダウンリストで "Isotopologue 0" を選んで "OK" をクリックすると，「Display Vibrations」ウィンドウが開き，Atom List Editor で Mass（Isotopologue 0）の列に指定した同位体置換分子種の振動数と IR 強度などが表示されます．また，右上の "New Data" ボタンを押すと「Run FreqChk」ダイアログが開くので，"Isotopologue 1" を選択して "OK" をクリックすると，Isotopologue 1の同位体置換分子種の振動数計算結果が表示されます．

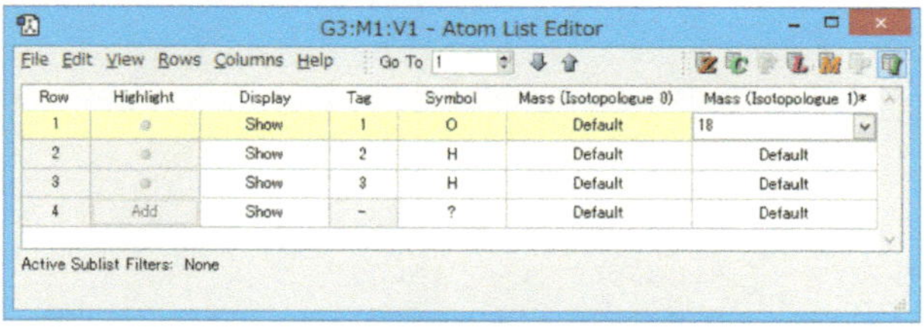

G3:M1:V1 - Atom List Editor

File Edit View Rows Columns Help Go To 1

Row	Highlight	Display	Tag	Symbol	Mass (Isotopologue 0)	Mass (Isotopologue 1)*
1		Show	1	O	Default	18
2		Show	2	H	Default	Default
3		Show	3	H	Default	Default
4	Add	Show	-	?	Default	Default

Active Sublist Filters: None

図3　Atom List Editor による同位体の指定

Linux 等のコンソールでは，freqchk は g09 ディレクトリにパスが通っていれば，freqchk で起動させることができます．freqchk コマンドは対話形式のコマンドで，結果は標準出力として画面に現れますので，Linux では script コマンドを利用して画面のログを取っておくと良いでしょう．freqchk を起動させる前に

```
$ script h2o.txt
```

とコマンドを打つと，画面のログの h2o.txt への記録が始まります．記録は [Ctrl-D] で終了します．freqchk コマンドを実行して，質問に対し答える様子が図1で，太字はユーザが入力した部分です．ここでは，H_2O の構造最適化及び振動数解析を行った際のチェックポイントファイルから $H_2{}^{18}O$ の振動数を計算する例を紹介します．

```
$ freqchk
Checkpoint file? h2o.chk                          チェックポイントファイルの名前
Write Hyperchem files? n                Hyperchem 形式のファイルを作成するかどうか
Temperature (K)? [0=>298.15] 0            温度．熱力学定数の算出に用いる
Pressure (Atm)? [0=>1 atm] 0              圧力．熱力学定数の算出に用いる
Scale factor for frequencies during thermochemistry? [0=>1/1.12] 0
                                          スケール．熱力学定数の算出に用いる
Do you want to use the principal isotope masses? [Y]: n
For each atom, give the integer mass number.
In each case, the default is the principal isotope.
Atom number 1, atomic number 8: [16] 18          原子1の質量数を指定
Atom number 2, atomic number 1: [1] 1            原子2の質量数を指定
Atom number 3, atomic number 1: [1] 1            原子3の質量数を指定
```

図4　freqchk コマンドの実行

実行結果は，Gaussian の振動数計算（B8 参照）と同じように出力されます．同様にして，${}^{2}H_2{}^{16}O$，${}^{2}H_2{}^{18}O$ 等の同位体置換分子種の振動数を求めることができます．

C5. 反応熱や反応速度の計算がしたいのですが

B8でも述べたように，基準振動計算を行うと振動数・振動モードと同時に熱力学量が計算されます．それらを利用して反応熱・原子化熱・反応速度定数を求めてみましょう．Hessian 行列の計算は重いので，すでに一度振動数計算をしたことがあるなら，Hessian 行列を読み込むことで計算負荷を大幅に減らせます．この点はC4と同じです．温度・圧力の指定についても，C4で説明した通り ReadIsotopes を指定し，分子構造の後，空行に続けて次のように指定します．

```
298   1                                        温度(K)・圧力(atm)
```

以下，$OH + H_2 \rightarrow H_2O + H$ を例に話を進めます．MP2/cc-pVTZ により得られた結果を表1にまとめました．E_0 はポテンシャルエネルギー，E_{zpe}，H_{corr}，G_{corr} はそれぞれゼロ点エネルギー，反応エンタルピー，自由エネルギーの各補正値で，E_0 との和が全エネルギーになります．

表1　$OH + H_2 \rightarrow H_2O + H$ 反応の各分子種・原子種の熱力学量（298 K）．単位は Hartree.

	Reactant		Product		TS	
	OH	H_2	H_2O	H	H_2 - OH	O
E_0	–75.6189	–1.1646	–76.3187	–0.5000	–76.7709	–74.8118
E_{zpe}	0.0084	0.0102	0.0216	0.0000	0.0198	0.0000
H_{corr}	0.0117	0.0135	0.0254	0.0024	0.0240	0.0024
G_{corr}	–0.0085	–0.0013	0.0040	–0.0107	–0.0010	–0.0150
$E_0 + E_{zpe}$	–75.6102	–1.1543	–76.2971	–0.5000	–76.7511	–74.8118
$E_0 + H_{corr}$	–75.6069	–1.1510	–76.2933	–0.4976	–76.7469	–74.8096
$E_0 + G_{corr}$	–75.6271	–1.1658	–76.3147	–0.5107	–76.7718	–74.8267

反応熱

反応エンタルピーは生成物と反応物の生成熱の差に相当しますが，電子状態計算では全エネルギーが得られるので，以下のようにそれぞれの和・差を取ることで求められます．

$$\Delta H\,(298\mathrm{K}) = \sum_{\text{生成物}}(E_0 + H_{\mathrm{corr}}) - \sum_{\text{反応物}}(E_0 + H_{\mathrm{corr}})$$
$$= ((-76.2933 - 0.4976) - (-75.6069 - 1.1510)) \times 627.5095$$
$$= -20.71\ \mathrm{kcal/mol}$$

627.5095は原子単位のエネルギー（Hartree）からkcal/molへの換算係数です．同様に反応のGibbs自由エネルギーも求まります．

$$\Delta G\,(298K) = \sum_{\text{生成物}}(E_0 + G_{\mathrm{corr}}) - \sum_{\text{反応物}}(E_0 + G_{\mathrm{corr}})$$
$$= ((-76.4160 - 0.5109) - (-75.7370 - 1.1798)) \times 627.5095$$
$$= -20.36\ \mathrm{kcal/mol}$$

原子化熱

原子化熱は以下の式で求まります．

$$D_0\,(\mathrm{M}) = \sum_{\text{原子}} xE_0\,(\mathrm{X}) - E_0\,(\mathrm{M}) - E_{\mathrm{zpe}}\,(\mathrm{M})$$

ただし，M, Xはそれぞれ分子種と原子種を表し，xは分子Mに含まれる原子Xの数です．表1から各分子の原子化熱は：OH（187.3 kcal/mol），H_2（96.8 kcal/mol），H_2O（304.5 kcal/mol）と得られます．

反応速度定数

反応速度定数は遷移状態理論から次式で与えられます．

$$k\,(T) = \frac{k_B T}{hc}\exp\left(-\frac{\Delta G^*}{RT}\right)$$

k_B, R, T, h, cはそれぞれボルツマン定数，気体定数，温度，プランク定数，濃度です．遷移状態が求まれば，反応物とのGibbs自由エネルギー差から反応速度定数を計算できます．表1から活性化自由エネルギーΔG^*は13.246 kcal/molとなるので，反応速度定数は以下のように求まります．

$$k\,(298\mathrm{K}) = \frac{1.3806504 \times 10^{-23}\,[\mathrm{J\,K^{-1}}] \times 298.15\,[\mathrm{K}]}{6.626069 \times 10^{-34}\,[\mathrm{J\,s}] \times (1/24800)\,[\mathrm{mol\,cm^{-3}}] \times 6.02214 \times 10^{23}\,[\mathrm{mol^{-1}}]}$$
$$\times \exp\left(-\frac{13.246 \times 1000}{1.987 \times 298.15}\right)$$
$$= 4.98 \times 10^{-17}\ \mathrm{cm^3\,molecule^{-1}\,s^{-1}}$$

$\mathrm{cm^3\ molecule^{-1}\ s^{-1}}$という単位がよく用いられるのでアボガドロ数で割って変換しています．濃度は，298.15 K，1 atmの理想気体を仮定し，その体積（24800 $\mathrm{cm^3}$）から求めています．常温での実験値 [1] ~ 10^{-15} cm^3 $molecule^{-1}$ s^{-1} に比べると，やや小さめに見積もられます．原因の1つはトンネル効果が考慮されていないことで，トンネル移動の寄与が抜けている分だけ過小評価に繋がります．とくにこの反応のような水素移動の場合，トンネル効果は1桁くらい寄与するので，この補正を加えることにより実験値とより良く一致することが期待できます．トンネル効果の寄与は，遷移状態での虚数の振動数を用いて Wigner 法などで簡単に補正することもできます．

ここでは省略しますが，生成熱も同様の操作を繰り返すことで求められます．詳細な解説が Gaussian のホームページに載っているので，そちらを参照してください(http://www.gaussian.com/g_whitepap/thermo.htm)．

熱力学量の外挿による見積もり

これまで述べたように，熱力学量の見積もりには計算時間のかかる基準振動計算の結果が必要であるため，超高精度計算法を用いることは現実的ではありません．量子化学計算の精度は一般に，基底関数と電子相関理論の組み合わせで決まります．Gaussian には，この点に注目して，少数の基底関数による高精度電子相関理論と多数の基底関数による中精度電子相関理論を組み合わせることにより，高精度の熱力学量を外挿により求める Gaussian-1–4(通称 G1–4) という方法が実装されています．G の後の数字は開発世代を表していて，一般に大きい方が高精度ですが，より大きな基底関数を利用するため，計算時間が長くなります．例えば G3 法により水分子の熱力学量を求める場合は，図1のようなインプットとなります．

```
%chk=G3_H2O.chk
%mem=200MW
#p G3=ReadIsotopes

H2O G3 calculation

0 1
 O        0.000000    0.000000     0.113519
 H        0.753149    0.000000    -0.454076
 H       -0.753149    0.000000    -0.454076

298.15  1.
16
1
1
```

図1　G3法を用いて水分子の熱力学量を求めるインプット

ReadIsotopesオプションの使い方は，基準振動計算の場合と同様です．いくつかの異なるレベルの計算を実行した後，最終的な結果は図2のように表示されます．

```
Temperature=     298.150000  Pressure=              1.000000
E(ZPE)=            0.020517  E(Thermal)=            0.023352
E(QCISD(T))=     -76.207892  E(Empiric)=           -0.025544
DE(Plus)=         -0.012978  DE(2DF)=              -0.074489
E(Delta-G3)=      -0.081653  E(G3-Empiric)=        -0.025544
G3(0 K)=         -76.382039  G3 Energy=           -76.379203
G3 Enthalpy=     -76.378259  G3 Free Energy=      -76.399635
```

図2　水分子のG3計算のアウトプット

表2に気相の水分子の自由エネルギーを示します．G3法は，MP2法よりも少ない計算時間で，高精度なQCISD(T)法による計算結果を再現していることが分かります．Gaussianには，他にもいくつかの熱力学量外挿法が実装されています．

表2　H_2O (g)の自由エネルギー(298.15 K，1 atm)．単位はHartree.

方法	自由エネルギー	計算時間
G3	−76.399635	12秒
MP2/6-311G(d,p)	−76.259774	31秒
QCISD(T,Full)/G3large	−76.372700	16分41秒

熱力学量計算の注意点

最後に注意事項を挙げます．ここで解説した熱力学量や反応速度定数は核の運動に関係する物理量であり，核の運動に対する近似が施されています．振動数計算に続いて計算していることからも予想されるように，熱力学量は調和近似に基づいて計算されています．その限界は高いエネルギー準位を持つ振動励起状態が寄与し始める高温領域です．室温付近ではあまり問題になりませんが，800 K以上になる燃焼系では注意が必要です．また，メチル基の回転のような1次元回転子は調和振動子とは分配関数の形がまったく異なるので大きなエラーの要因になります．GaussianではFreq＝HinderedRotorによりこれを補正できます．さらに，E6で説明する溶媒効果を取り入れた計算でも基準振動解析に続いて熱力学量が表示されますが，並進・回転の寄与を気体の運動論に従って算出しているため正しく求められていないことにも注意してください(まだ実装されていませんが，最近では，溶液系の熱力学量計算法も開発が進められています[2])．一方，反応速度定数は遷移状態理論を用いて計算しましたが，この方法では桁が合えば良いほうです．それでも，計算負荷が莫大な動力学計算をまじめにやることに比べれば，その簡便さは重宝します．大事なことは，電子を扱う量子化学計算に最高精度の方法を用いても，核の運動に対する近似が荒いままでは必ずしも信頼性が高いとは言い切れないことです．

[1] V.L. Orkin *et al.*, *J. Phys. Chem. A*, **110**, 6978 (2006).
[2] H. Nakai, A. Ishikawa, *J. Chem. Phys.*, **141**, 174106 (2014).

C6. 初期分子軌道について教えてください

Gaussianでは，Guessキーワードを用いて初期分子軌道を指定することができます．指定できるオプションにはHarris，Huckel，Core，INDO，AM1などがあります．教科書では，電子のない裸のハミルトニアン（core Hamiltonian，Gaussianではは Guess=Core）を初期軌道に用いて説明されることが多いですが，実際にはより精度が高く収束に近い軌道を得られる方法が用いられます．従来は，拡張Hückel法（Guess=Huckel）や他の半経験的分子軌道計算で得た軌道が用いられることが多かったのですが，現在GaussianのデフォルトはHarris汎関数を用いる方法（大雑把に言うとDFTをベースとした拡張Hückel計算）に取って代わられています．以前に計算したチェックポイントファイルがある場合は，Guess=Readとすることでチェックポイントファイルから保存されている軌道を読み込むことができます．また，Guess=Onlyオプションを使うと，SCF計算を行わず（初期軌道のままで）計算を行います．これは，例えばCASSCF計算で意図した軌道が活性空間に正しく入っているかチェックするときなどに用います．

収束した解がおかしいときや軌道の順番を入れ替える必要がある場合は，Guess=AlterまたはGuess=Permuteオプションを使います．Alterオプションでは分子の入力情報（座標や基底関数やECP）の後の空行の後に，入れ替えたい軌道の組を1行ごとに書く必要があります（図1）．UHF計算では，分子情報の後にα軌道，β軌道それぞれの入れ替えについて指定する必要があります．

```
Alter オプション
分子の情報
空行
30  31                                α軌道の30番と31番を入れ替え
33  34                                α軌道の33番と34番を入れ替え
空行
33  32                                β軌道の33番と32番を入れ換え
空行

Permute オプション
分子の情報
空行
1-29  31  30  32  34  33              α軌道の順番
```

```
空行
1-31  33  32                                  β軌道の順番
空行
```

図1　Alter オプションと Permute オプション

Permute では1つの行に複数の軌道の順番を書くことができ，1-30のように連続して指定することも可能です．また，Alter と同様に複数行に渡って指定することも可能です．

Gaussian の特徴として，異なる基底関数で計算した軌道を読み込んで，初期軌道を作成し計算する機能があります．初めに小さい基底関数でテスト計算をして，より大きい基底関数に変えて計算を行いたいときには非常に便利な機能ですのでぜひ利用してください．また，Guess=Cards と設定することで，インプットファイルに書かれた軌道を読み込むことも可能です．この方法はマニュアルを参考にしてください．

C7. Gaussianにセットされていない基底関数を使うには？

各原子にそれぞれ異なる基底関数を指定する場合

各原子にそれぞれ異なる基底関数を指定するにはルートセクションにキーワードGENを指定し，基底関数の情報を構造の情報の下に空白行を置いてから記入します．以下に$[Cu(CO)]^{+}$分子についてCuにLanL2DZのECP(Effective Core Potential, D6で解説）と基底関数を，CとOにaug-cc-pVTZ基底関数を適用しエネルギー計算を行う入力ファイルを示します．各原子の基底関数は分子構造のセクションの後に空行を置いて，その次に指定します．基底関数と基底関数の間にはデータの入力終了を意味する「****」（アスタリスク）のみを記入した行を付け加えます．

```
#p B3LYP/gen pseudo=read                               キーワードを指定

Cu(lanl2dz), C(aug-cc-pVTZ), O(aug-cc-pVTZ)            コメント文

1 1                                                    電荷＝ +1，多重度＝1
Cu   0.000   0.000  -0.535                             デカルト座標による分子構造の入力
C    0.000   0.000   1.405
O    0.000   0.000   2.725
                                                       空白行
Cu 0                                                   Cu原子に基底関数(LanL2DZ)を指定
LanL2DZ
****                                                   基底関数の終わりを示す「****」
C O 0                                                  C原子とO原子に基底関数(aug-cc-pVTZ)を指定
aug-cc-pVTZ
****                                                   基底関数の終わりを示す「****」
                                                       空白行
Cu 0
LanL2DZ                                                Cu原子にECP(lanl2dz)を指定
                                                       空白行
```

図1　原子ごとに異なる基底関数の指定法

Gaussianにセットされていない基底関数を使う場合

各種基底関数及びECPはWebで取得することができます．以下のデータベース

はWebで公開されていて，簡単にGaussianやGAMESS，Molpro，Molcasなど各種プログラムの入力形式に整形された基底関数を取得することができます．

・**Basis Set Exchange**（https://bse.pnl.gov/bse/portal）

新旧問わず非常に多くの基底関数，ECPが登録されていて，多数の量子化学計算プログラムパッケージの入力形式に対応しています．周期表から基底関数を取得したい元素を選ぶと，左のリストに指定した元素に対して登録されている基底関数系が表示されます．取得したい「Format」から入力形式を選択して「Get Basis Set」をクリックすると指定した入力形式の基底関数が表示されます．

・**Segmented Gaussian Basis Set**（http://sapporo.center.ims.ac.jp/sapporo/）

関谷，野呂らにより開発された相対論の効果を考慮したコンパクトで高精度な基底関数のデータベースです．特にランタニド系列などの重原子の基底関数が充実しています．GAMESS, Gaussian, Molpro, Molcasなどの入力形式がサポートされており容易にデータを取得できます．

データベースから取得した基底関数を入力ファイルの中で指定する例を示します．

```
#p B3LYP/gen pseudo=read

Cu(LanL2DZ), C(aug-cc-pVTZ), O(aug-cc-pVTZ)                コメント文

1 1                                                   電荷＝ +1，多重度＝1
Cu    0.000    0.000   -0.535              デカルト座標による分子構造の入力
C     0.000    0.000    1.405
O     0.000    0.000    2.725
                                                                    空白行
Cu   0                                     Cu原子に基底関数(LanL2DZ)を指定
 S    3   1.00
       8.17600000         -0.421026000
       2.56800000          0.738592400
      0.958700000          0.552569200
(中略)
D    1   1.00
      0.310200000           1.00000000
 ****
C    0                                  C原子に基底関数(aug-cc-pVTZ)を指定
 S    8   1.00
       8236.00000          0.531000000E-03
```

```
(中略)
 F   1  1.00
      0.268000000          1.00000000
 ****
O   0                          O原子に基底関数(aug-cc-pVTZ)を指定
 S   8  1.00
       15330.0000          0.508000000E-03
       2299.00000          0.392900000E-02
(中略)
F   1  1.00
      0.500000000          1.00000000
 ****                              基底関数の終わりを示す「****」
                                                          空白行

CU  0
CU-ECP  2   10                      Cu原子にECP(LanL2DZ)を指定
d potential
 3
1        511.99517630      -10.00000000
2         93.28010740      -72.55482820
2         23.22066690      -12.74502310
s-d potential
 4
0        173.11808540        3.00000000
1        185.24198860       23.83518250
2         73.15178470      473.89304880
2         14.68841570      157.63458230
p-d potential
 4
0        100.71913690        5.00000000
1        130.83456650        6.49909360
2         53.86837200      351.46053950
2         14.09894690       85.50160360
入力ファイルの終了を示す空白行(注:「****」は不要). 2種類以上の原子につ
いてECPを指定する場合には空白行を入れずに続けて記入する.
```

図2　データベースから取得した基底関数を用いた指定法

C8. 励起状態の計算方法と注意点を教えてください

励起状態

これまで基底状態の電子状態計算について述べてきましたが，励起状態の計算も可能です．しかし，励起状態の計算は一筋縄ではいきません．基底状態に対する電子状態計算で得られた軌道や軌道エネルギーを使って，励起状態や励起エネルギーを求めればよいかというと，そうともいかないのです．

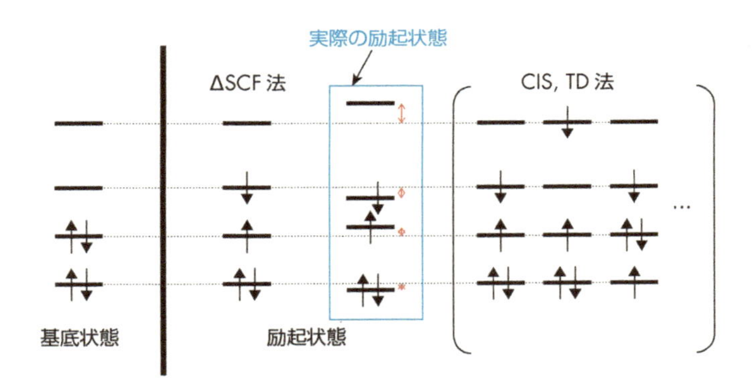

図1　ΔSCF 法と CIS，TD 法による基底状態と励起状態

例えば，図1のように，基底状態の計算をして，電子を1つ励起させるだけで励起エネルギー（軌道エネルギーの差）や励起状態が求まると思えます．でも，よく考えてください．電子が励起したときに，基底状態の軌道や軌道エネルギーがそのまま励起状態を記述する上で適切とはいえないのです．電子が励起した場合，最適な軌道の形状は変化し，異なる軌道エネルギーを持つはずです．そのことをふまえると，励起状態では軌道準位図は枠線内のようになるでしょう．この枠組み（ΔSCF 法と呼ばれています）では，基底状態や励起状態が別々の軌道で記述されることになり，少し不便なことになります．

軌道の変化をあらわには考えず，最も簡単に励起状態を求める方法として，*ab initio* 法では，CI 法の一種である CIS（CI Singles）法が挙げられます．この方法では基底状態の軌道を用いて，基底状態から1電子励起して得られる電子配置を複数使うことにより電子状態を記述します（図1右参照）．このように多配置性を導入することにより，励起による軌道の緩和という条件を取り込むことができます．ただし，励起状態は複数の電子配置で記述され，複雑な電子状態になります．また，DFTの枠組みで良く用いられるtime-dependent（TD）法（またはTD-DFT）も，同じように1電子励起配置を用いて励起状態を取り扱う方法ですが，CIS法より概して精度の良い励起エネルギーを与えます．CIS法は，基底電子配置が1電子励起配置とは直接混ざらないというBrillouinの定理により，励起状態に対する最も簡便な方法として用いられていますが，基底配置から2電子以上が同時に励起する電子配置は考慮されないので，多電子励起が主となる電子状態は再現できません．励起スペクトルでは，励起エネルギーとともに強度も重要です．強度の大きさは，遷移前後の基底状態，励起状態の電子波動関数により双極子能率演算子をはさんだ行列要素（遷移モーメント）の計算により見積もることができ，CISやTD計算でも強度の情報が出力されます．

Gaussianでは計算法として"CIS"キーワードを指定することによりCIS計算が，HF計算やDFT計算のインプットに"TD"キーワードを付け足すことによりTD法の計算が可能です．その他のオプションには以下のようなものがあります．

CIS，TD計算のオプション（Gaussian）

Singlets	1重項状態のみを計算
Triplets	3重項状態のみを計算
50-50	1重項と3重項状態を計算
NStates	求めたい状態の数

より高精度な電子励起状態の計算方法としては，単一配置（HF電子状態）を参照としたものではクラスター展開法に基づくSAC-CI法やEOM-CC法があります．これらの方法では，かなり高い精度で励起エネルギーを求めることができます．多配置理論では，状態平均多配置SCF法（SA-CASSCF），多状態多参照摂動法（MCQDPTまたはMS-CASPT2）があります．SA-CASSCF法では動的電子相関の見積もりが不十分であるために，励起エネルギーを定量的に計算することはできませんが，活性空間を適切に取れば，励起状態のポテンシャル曲面の形状を正しく再現することができます．MCQDPT法またはMS-CASPT2法は，コスト的には少し高く，またGaussianで計算することはできませんが，定量的な意味で高精度な結果を与えます．

ベンゼンの計算例（TD計算）

ベンゼンに対するTD-B3LYP計算の結果は図2のようになります（基底関数は6-31G*）．結果は最も低い励起状態から順に出力され，各状態に対して，電子状態，励起エネルギー，振動子強度，励起電子配置が出力されます．結果を見ると，第一励起状態は励起エネルギー5.56 eV，振動子強度は0.00で，基底状態を参照として電子が20→23と21→22と励起した電子状態ということになります．振動子強度が0でない励起は，第3，第4励起状態で共に約7.39 eVの励起エネルギーになっています．これらの低い励起状態はほとんど$\pi \rightarrow \pi^*$励起で，実験により励起エネルギーは4.90 ($^1B_{2u}$), 6.20 ($^1B_{1u}$), 6.94 ($^1E_{1u}$), 7.80($^1E_{2g}$) eVであることが知られています．TD計算で得られた値は5.56 ($^1B_{2u}$), 6.32 ($^1B_{1u}$), 7.39 ($^1E_{1u}$), 9.13 ($^1E_{2g}$) eVで，縮退する状態は2つ出ていますし，$^1E_{2g}$状態を除くと0.5 eV程度の誤差でまずまずの結果が得られています．

TD-DFT計算で注意したい点として，電荷移動状態の励起エネルギーが大きく過小評価される問題があります．この問題は長距離補正（Long-range Corrected: LC）汎関数を用いることで解消することが可能であることが報告されていますので，電荷移動励起状態を扱う場合にはこの補正を含んでいるCAM-B3LYPやLC-BOP(GAMESSで使用可能）といった汎関数を利用するようにしましょう．

```
Excited state symmetry could not be determined.
Excited State   1:   Singlet-?Sym    5.5575 eV  223.09 nm  f=0.0000
      20 -> 23          0.50813
      21 -> 22          0.50813
This state for optimization and/or second-order correction.
Total Energy, E(RPA) =  -232.044396880
Copying the excited state density for this state as the 1-particle RhoCI density.

Excited state symmetry could not be determined.
Excited State   2:   Singlet-?Sym    6.3200 eV  196.18 nm  f=0.0000
      20 -> 22          0.47135
      21 -> 23         -0.47135

Excited state symmetry could not be determined.
Excited State   3:   Singlet-?Sym    7.3930 eV  167.70 nm  f=0.5596
      20 -> 22          0.42008
      21 -> 23          0.42008

Excited state symmetry could not be determined.
Excited State   4:   Singlet-?Sym    7.3930 eV  167.70 nm  f=0.5596
      20 -> 23         -0.42008
```

```
    21 -> 22          0.42008
```

図2　ベンゼンに対するTD-B3LYP計算の結果

ベンゼンの計算例（SAC-CI，EOM-CC計算）

Gaussianには，より高精度な励起状態計算法として，SAC-CI法やEOM-CC法が実装されています．SAC-CI計算ではルートセクションに計算法としてSAC-CI=(Singlet=(NState=2), Direct)と，EOM-CC計算ではEOMCCSD(NStates=20, Singlets, EnergyOnly)と記述すれば計算が可能です．ここで，SAC-CIのインプットで指定されているNState=2は，計算するときに利用するD_{2h}点群（D_{6h}点群が含んでいる最大のAbel群）の8つの既約表現それぞれに対して2つの励起状態を求めることを意味しており，合計で16の励起状態が求まります．

SAC-CI計算のアウトプットの例として，ベンゼンの最低励起状態の結果を図3に示します．

```
***********************************************
    ENERGY AND WAVE FUNCTION OF SAC-CI METHOD
***********************************************
（中略）
Singlet        B3U      ***********************************************************
###   1-st  ###          ---   1st state in this spin multiplicity ---
    Total energy        in au =     -231.273293
    Correlation energy in au =       -0.571027
    Excitation energy   in au =      0.192345     in eV =       5.233960
  *SINGLE EXCITATION
      21   22     -0.65966        20   23     -0.65966
      20   48      0.05361        21   47      0.05361
      13   38      0.01034
  *DOUBLE EXCITATION
     20   22   17   22    -0.14191        21   23   17   22    -0.14187
     21   22   17   23    -0.14186        20   23   17   23     0.14186
（以下略）
```

図3　ベンゼンに対するSAC-CI計算の結果

結果は既約表現ごとに表示されるので，一番上に最低励起状態が表示されていないことに注意が必要です．この出力から，このB_{3u}状態が最低励起状態（1st state）であり，励起エネルギーが5.23 eV，1電子励起配置の21→22，20→23が主配置であることが分かります．2電子励起配置も，20, 17→22, 22等の寄与があることが見て取れます．

次にEOM-CC計算のアウトプット例を同様に示します（図4）．

```
Excitation energies and oscillator strengths:

--------------------------------------------------
Excited State   1:      Singlet-B3U    5.3104 eV   233.47 nm   f=?
 Right Eigenvector
 Alpha Singles Amplitudes
     I      SymI     A     SymA     Value
    21        3     23       6   -0.470335
    20        4     22       5   -0.470335
 Beta  Singles Amplitudes
     I      SymI     A     SymA     Value
    21        3     23       6   -0.470335
    20        4     22       5   -0.470335
 Total Energy, E(EOM-CCSD) =   -231.299674329
```

図4　ベンゼンに対するEOM-CC計算の結果

こちらはエネルギーの低い方から表示されます．2電子励起の寄与が大きい場合には，それも自動的に表示されます．ここでは振動子強度fが表示されていません．求めたい場合にはEnergyOnlyの指定を外す必要がありますが，計算時間は大幅に増加します．

最後に，ベンゼンの励起状態計算の結果を表にまとめておきます．GAMESSで計算可能なMRMP2法による結果も示しています．括弧内は実際に用いたD_{2h}点群での各電子状態の既約表現です．

表1　ベンゼンのπ-π^*励起エネルギー (eV)

励起状態	TD-B3LYP法	SAC-CI法	EOM-CC法	MRMP2法	実験値[c]
$^1B_{2u}$($^1B_{3u}$)	5.56	5.23	5.31	4.85	4.90
$^1B_{1u}$($^1B_{2u}$)	6.32	6.97	7.03	6.64	6.20
$^1E_{1u}$($^1B_{2u}$, $^1B_{3u}$)	7.39	7.96	8.01	7.24	6.94
$^1E_{2g}$ (^1A_g, $^1B_{1g}$)	9.13	9.31	9.41	8.09[b], 8.10[b]	7.80

[a] 縮退している解

[b] 縮退した電子状態をMRMP2計算で異なる既約表現に分けて計算を行い，解が分裂したので，2つの解を記載．

[c] A.Hiraya, K.Shobatake, *J.Chem.Phys.*, **94**, 7700 (1991), N.Nakashima, H.Inoue, M.Sumitani, K.Yoshihara, *J.Chem.Phys.*, **73**, 5976 (1980)

C9. 遷移状態の構造を求めたいのですが

遷移状態とは？

化学反応に対して理論計算によりアプローチする場合，対象とする反応が複数の素反応過程を含む場合には反応に関係する反応分子，生成分子，中間体，遷移状態の構造を決定することが出発点となります．各素反応は，図1に示すように2つの安定構造とそれらを結ぶ1つの遷移状態によって特徴付けられます．遷移状態という用語はもともと化学反応が起こるときに経由する不安定な状態をさす概念として導入されましたが，量子化学計算では，遷移状態に対応する分子の構造を求めることができます．遷移状態構造が求まれば，反応の活性化エネルギーや反応経路を計算することができ，さらに遷移状態理論を適用することによって反応速度を見積もることもできます．それではまず遷移状態構造の数学的定義から始めましょう．

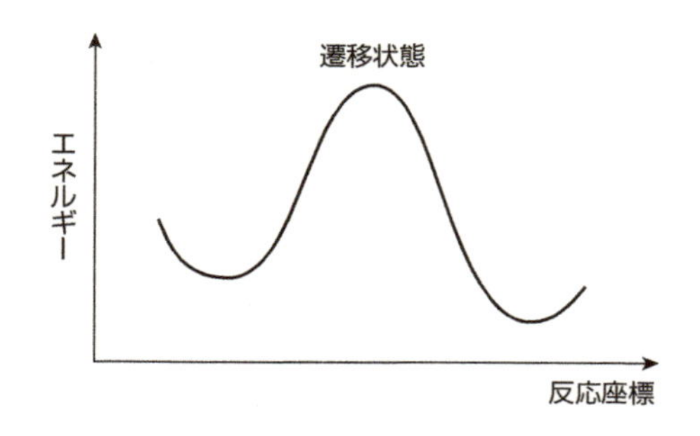

図1　反応座標に沿ったエネルギー変化

図1では，遷移状態はエネルギー曲線の極大点の位置に対応し，反応の原系と生成系はエネルギー極小点に対応しています．両者に共通しているのは，ともにエネルギーの核座標に関する1次微分が0になっていることであり，違いはエネルギーの核座標に関する2次微分が遷移状態では負，原系と生成系では正になっていることです．図1の横軸の反応座標は，反応の進行とともに同時に動く各原子の動き方を特徴付ける座標です．対象とする分子系（非直線形）が N 個の原子を含む場合には全部で $3N-6$ の独立な自由度があり，分子の形は $3N-6$ 個の内部座標によって特定できます．したがって，反応座標に沿ったエネルギー図は $3N-6$ 次元の座標空間から1次元の

断面を切り取って描いた図に対応しており，反応座標に直交する $3N-7$ 個の座標の方向に関するエネルギー変化の情報はこの図には現れていません．

分子の安定構造は，分子中の原子のどのような変位に対してもエネルギーが増大する構造ですから，反応座標に直交する $3N-7$ 個の座標に関してもエネルギー1次微分は0で2次微分は正になっています．遷移状態構造についても実は同じ条件が満たされています．つまり，遷移状態構造はエネルギーに関する1次微分が0であり，2次微分のうち反応座標に関する微分のみが負で，それ以外の $3N-7$ 個の座標については2次微分が正になるような構造として定義されます．この形状から，遷移状態構造は鞍点（saddle point）と呼ばれることもあります．

実際の計算

量子化学計算のプログラムでは，振動数計算を行うと $3N-6$ 個の振動モードが得られ，おのおのの振動数と原子の動き方を示す基準振動ベクトルを計算することができます．この振動数は，基準座標に関するエネルギー2次微分の平方根に比例するので，遷移状態構造は，1つの虚数の振動数と $3N-7$ 個の実数の振動数により特徴付けられると言えます．逆に，遷移状態構造を求めた場合には必ず基準振動の計算を行って，虚数の振動数が1つだけ存在することを確認しなければなりません．虚数の振動数が2つあれば（このような点は2次の鞍点と呼ばれます），よりエネルギーの低い真の遷移状態が他に存在することを意味しています．

遷移状態構造さえ求まれば活性化エネルギーや反応経路に基づく議論が可能です．しかし，安定構造の最適化はすべての自由度についてエネルギー極小化を行えばよいのですが，遷移状態は反応座標についてのみエネルギー極大で他の座標についてはエネルギー極小という特殊な構造ですので，その最適化は格段に難しくなります．従来，遷移状態構造を確実に求めるアルゴリズムは存在しませんでしたが，最近になってそれが可能となってきました．この方法についてはE3で詳しく扱います．

遷移状態と対称性

遷移状態構造探索にあたっては，分子系の対称性（点群，D1参照）の情報を使えば簡単に求まる場合がありますので，一般的な注意に入る前にその点を解説します．

分子系が何らかの対称要素（回転軸，対称面，対称心，回映軸）を持つ場合，分子の基準振動はその点群の既約表現に属します．既約表現は，全対称表現と非全対称表現に分けられます．全対称表現に属する基準振動では，各原子を基準振動ベクトルの方向に変位させたときに，分子系の点群が保たれます．逆に非全対称表現に属する基準振動の方向に各原子を変位させると，一部の対称要素が失われ，分子系の対称性が落ちることになります．遷移状態は虚数の振動数をただ1つ持つ構造であることを述べましたが，遷移状態構造が何らかの対称要素を持ち C_1 以外の点群に属する場合，虚数の振動数に対応する振動モードが非全対称表現に属する場合には，遷移状態はエネルギーの極小化により求めることができます．

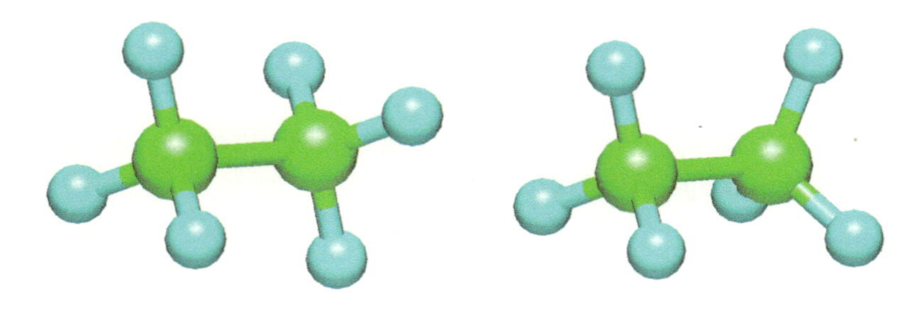

図2　エタン分子のねじれ型（D_{3d}）および重なり型（D_{3h}）

図2にエタン分子のねじれ型と重なり型を示します．それぞれ D_{3d}，D_{3h} 点群に属しており，前者は安定構造，後者は内部回転の遷移状態構造に対応しています．重なり型の構造で基準振動の計算を行うと，内部回転に対応する基準振動の振動数が虚数になります．この場合，エタン分子を D_{3h} の制約のもとで構造最適化をすれば遷移状態構造が得られることになります．

それでは，虚数の振動数に対応する基準振動が全対称表現に属する場合を考えましょう．遷移状態構造が C_1 点群に属する場合もこのカテゴリーに含まれます．最初に，遷移状態構造に近いと思われる構造の座標を作成しますが，この構造が遷移状態探索の成否の鍵を握っています．初期構造を決める作業は，反応原系・生成系の構造をにらみながらの試行錯誤の作業になりますが，反応を特徴付ける内部座標を反応座標として選び，反応の原系から生成系の構造へと移行するようにいくつかの値をとって他の自由度について構造最適化を行い，エネルギー極大点を選ぶ，というのが1つのやり方です．遷移状態構造を特徴付けるのはエネルギー2次微分（デカルト座標では，$3N \times 3N$ 次元の行列になる．これを Hessian 行列といいます）ですので，まず推測した初期構造に対して Hessian 行列を計算し，虚数の振動数がいくつあるか確認します．

この段階で虚数の振動数が1つであり，対応する振動ベクトルの動きが反応の起こる動きに対応していたら，遷移状態探索はほぼ成功したと考えてよいと思います．分子軌道法プログラムの遷移状態探索のキーワードを指定し，計算を流してください．その結果うまくいかなければ，構造最適化の各ステップで正確な Hessian 行列を用いるように指定してください．デフォルトでは，計算コストを節約するために最適化の各ステップでは近似 Hessian 行列を用いています．

初期構造が虚数の振動数を複数持つ場合には，その中でどの振動モードが想定している反応モードに対応しているのかを吟味する必要があります．各基準振動ベクトルをグラフィックスで表示させて，確認してください．その上で，反応モードについては虚数の振動数を保ち，それ以外の虚数の振動数は実数に変わるように構造探索をしますので，何番目の振動モードが反応モードに対応するかを指定して計算を流します．うまくいかない場合には，上に述べたように最適化の各ステップで正確な Hessian 行列を使うように指定します．遷移状態探索は試行錯誤の繰り返しですので，計算方法や基底関数のレベルを下げて計算を行い，遷移状態構造が求まったらレベルを上げていくなどの工夫も重要です．

遷移状態構造探索の計算が終わったら，求まった構造で再度，基準振動の計算を行い，虚数の振動数が1つだけ存在することを確認します．また，対応する振動ベクトルの各原子の動きが想定している反応に対応しているかも確認します．実際に求まった遷移状態構造が反応の原系と生成系を結んでいることは，固有反応座標（IRC）の計算によって確認することができます．

具体的な手順は次の C10 で解説します．

C10. 遷移状態を求める具体的手順を教えてください

遷移状態の構造最適化と確認

遷移状態を計算するためには，遷移状態に近い初期構造を用意する必要があります．あまりにも異なった構造を入力するとほとんど収束しませんし，想定していない反応の遷移状態が求まることもあります．遷移状態計算では，基本的には初期構造のエネルギーの2次微分を求めて基準振動を計算し，虚の振動モードを確認した上で，遷移状態を探します．遷移状態と思われる構造が求まったら，振動解析を行って目的の遷移状態か（虚の振動モードの方向）を確認します．

次に，遷移状態が正しい反応物と生成物まで繋がっているのかを確認するために，IRC(Intrinsic Reaction Coordinate；固有反応座標）計算を行います．この計算の結果，目的の反応物と生成物の構造に収束すれば遷移状態であると確認できます．もし，異なる構造に収束した場合は，さらに他の遷移状態があることになります．以下，$HCO^+ \rightarrow COH^+$ の反応を例に，遷移状態を求める方法を具体的に説明します．

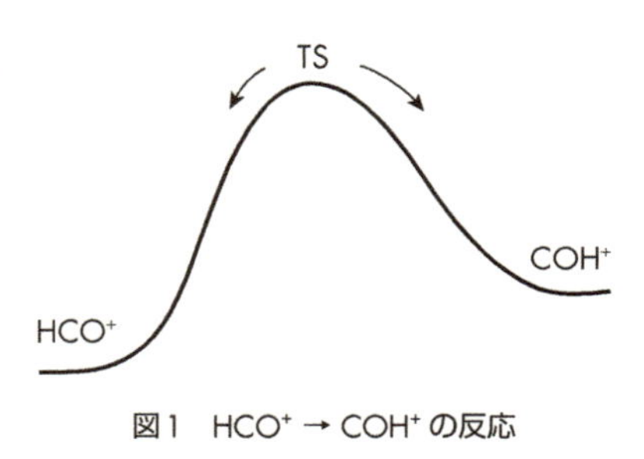

図1　$HCO^+ \rightarrow COH^+$ の反応

```
%chk=TSopt.chk
#p HF/cc-pVDZ Opt=(TS,NoEigenTest,maxcycle=80,CalcFC) Freq

HCO+ -> COH+ TS

1 1
H  0.8  0.0  1.5
C  0.0  0.0  1.0
O  0.0  0.0  2.2
```

図2　遷移状態構造最適化のインプット

Gaussian で遷移状態を求めるインプットは図2のようになります．TS オプションで遷移状態の構造最適化を行うことを指定します．NoEigenTest は虚の振動モードが2つ以上になっても次の計算に進むことを命令し，CalcFC は構造最適化する前に Hessian 行列を計算することを意味しています．CalcFC 以外に RCFC があり，チェックポイントファイルに保存してある Hessian 行列を読み込むこともできます．"Freq" キーワードも同時に指定されていますが，これは求まった最適構造で振動解析を行うことを意味します．アウトプットファイルを mass-weighted で検索すると，

```
 Full mass-weighted force constant matrix:
 Low frequencies ----1554.9248   -0.0010    0.0006    0.0013   26.2036   33.5262
 Low frequencies ---   54.1586 2208.8825 2331.5084
 ******    1 imaginary frequencies (negative Signs) ******
```

のようになり，虚の振動数が1つあると書かれています（分かりにくいですが最初の振動数は $-1554\ \mathrm{cm}^{-1}$ と表示されており，$1554i\ \mathrm{cm}^{-1}$ を意味します．また，-0.0010 から 54.1586 までの6個の低振動モードは，並進・回転運動に対応するモードです）ので，この構造が遷移状態であることが分かります．振動モードの方向を，GaussView を用いて B8 で示した方法で可視化すると，図3のようになります．矢印の方向に行くと原系の HCO^+ が，逆方向に行くと生成系の COH^+ ができます（アニメーションを見るともっとはっきりとします）．

次に，IRC 計算を流す場合は，最適化計算で得られたチェックポイントファイルを利用し，"IRC=(MaxPoints=40, MaxCycle=20, RCFC, ReCalc=5)" を流して，反応物と生成物にたどり着くか否かを確認します．MaxPoints は構造検索の最大回数を，MaxCycle は1回の検索の最大回数を意味しています．ReCalc=5は，正確な Hessian 行列を5ステップ毎に計算して更新する

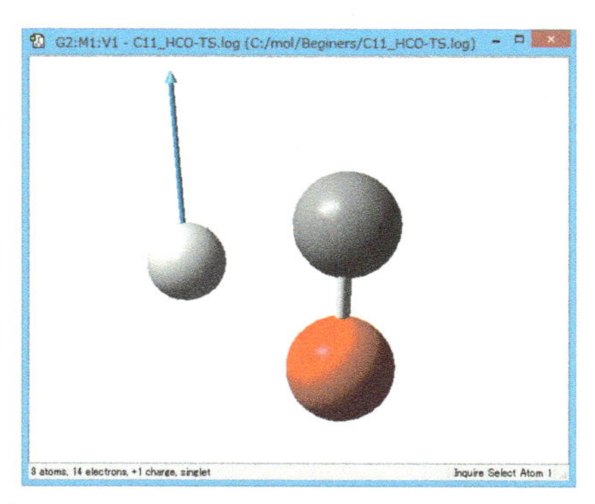

図3　GaussView で示した虚数振動数の振動モード

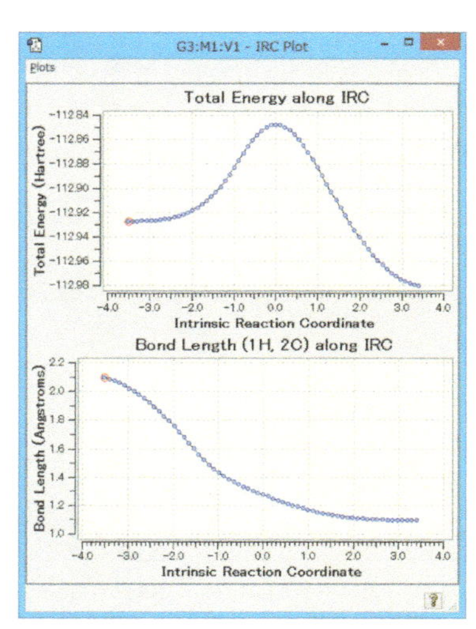

図4　$HCO^+ \rightarrow COH^+$ の IRC に沿ったエネルギー（上）と C-H 結合距離（下）の変化

ことを指定しています．アウトプットファイルをGaussViewで開き，メニューから[Results] − [IRC/Path…] を選択すると，横軸のIRC(単位は $\mathrm{Bohr \cdot amu^{1/2}}$) に対してエネルギーがプロットされた「IRC Plot」ウィンドウが開きます．このウィンドウにあるメニューから [Plots] − [Plot Molecular Property…] を選択すると，構造パラメータなどのプロパティをIRCに沿ってグラフ化することができます．例として，IRCに沿ってエネルギーとC-H結合距離をプロットしたものを図4に示しました．CH距離から，IRCの左側が COH^+(生成系)，右側が HCO^+(原系) であることが分かります．グラフを右クリックし [Save Data…] を選べば，プロット情報をテキスト形式で保存することができるので，他のソフトでデータを加工することも可能です．

制限構造最適化を用いた遷移状態探索

C3で説明したように，Gaussianでは内部座標を一部固定して構造最適化を行うことが可能です．これを用いて遷移状態の構造を求めることができる場合があります．例えば，エタンのC–C軸回りの回転の遷移状態を，構造を固定して求めるインプットは図5のようになります．H–C–C–Hの二面体角の1つ (パラメータD21) を0度に固定して残りの座標を構造最適化することにより，重なり配座の構造を求めています．また，この二面体角を0度から60度まで3.0度刻みで20点回転させて，他の内部座標だけを最適化する，ということも可能です．この場合，構造スキャンを意味するSオプションを用いて，構造パラメータの指定を "D21 = 0.0 S 20 3.0" としてください．構造スキャン計算のアウトプットファイルをGaussViewで開き，メニューから [Results] − [Scan…] を選択すると「Scan Plot」ウィンドウが表示され，指定した内部座標に沿って構造の変化やエネルギーの情報を可視化することができます (図6)．この方法は，構造パラメータを徐々に変化させて遷移状態に近い構造を求める場合に有効です．

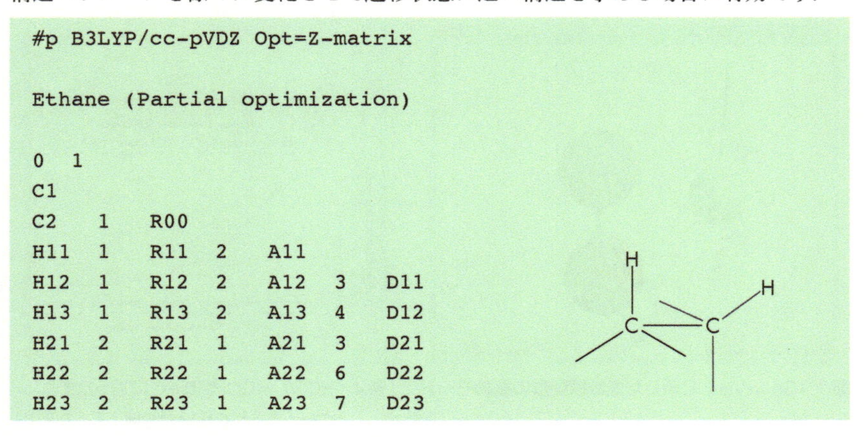

```
#p B3LYP/cc-pVDZ Opt=Z-matrix

Ethane (Partial optimization)

0  1
C1
C2   1   R00
H11  1   R11  2   A11
H12  1   R12  2   A12  3   D11
H13  1   R13  2   A13  4   D12
H21  2   R21  1   A21  3   D21
H22  2   R22  1   A22  6   D22
H23  2   R23  1   A23  7   D23
```

```
R00 = 1.540
R11 = 1.100
R12 = 1.100
R13 = 1.100
R21 = 1.100
R22 = 1.100
R23 = 1.100
A11 = 111.9
A12 = 111.9
A13 = 111.9
A21 = 111.9
A22 = 111.9
A23 = 111.9
D11 = 120.0
D12 = 120.0
D21 =   0.0  F
D22 = 120.0
D23 = 120.0
```

図5　エタンの遷移状態を求めるインプット

デカルト座標を用いた場合には，C3でも説明した"Opt=ModRedundant"を用いることにより同様の計算が可能です．分子座標の指定の後に空行を置き，次の行に例えば

```
B  2  3  S  25  0.02
```

と指定すれば，原子2と原子3の結合距離をインプットで指定したものから0.02 Å ずつ長くしながら25点計算することを意味します．先のエタンのC-C軸回りの回転障壁の計算では，"D 6 2 1 3 S 20 3.0"と書くとよいでしょう．

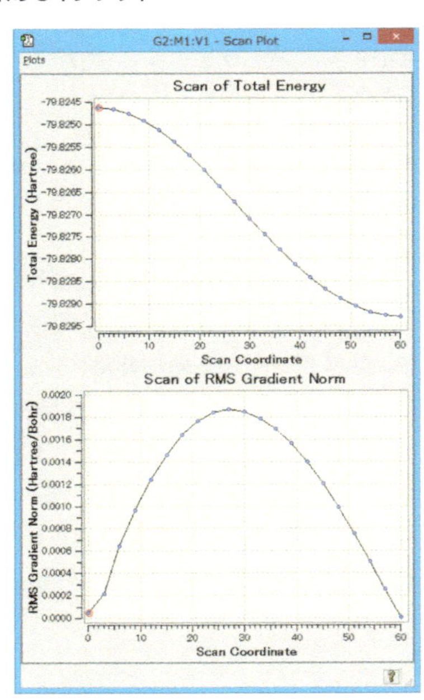

図6　GaussView を使ってエネルギー変化の情報を可視化

H_2CO → H_2 + CO 反応の活性化障壁と反応エネルギーの例

最後に，様々な方法を用いて H_2CO → H_2 + CO 反応の原系，生成系と遷移状態の構造最適化を行った結果を元に，活性化障壁（E_a）と反応エネルギー（ΔE）の精度について説明します．基底関数には Dunning の cc-pVXZ（X = D，T，Q）を用いて，MP 計算，CC 計算は Gaussian を，HF，B3LYP，CASSCF，MRMP2計算は GAMESS を使用しました．CASSCF 計算では10電子10軌道を活性空間に選択しました．得られた結果は表1のようになります．

表1 H_2CO → H_2 + CO 反応の活性化障壁と反応エネルギー（kcal mol^{-1}）

method	cc-pVDZ		cc-pVTZ		cc-pVQZ	
	E_a	ΔE	E_a	ΔE	E_a	ΔE
HF	96.0	−1.2	95.8	−1.0	95.5	−1.0
MP2	83.5	1.0	84.6	4.5	84.6	5.2
MP3	85.4	2.9	86.4	6.2	86.3	6.8
MP4(DQ)	84.6	1.2	85.8	4.5	85.8	5.2
MP4(SDQ)	82.7	0.3	84.0	3.7	84.1	4.4
MP4	79.7	−1.0	80.7	2.7	80.7	3.6
CCSD	83.3	0.8	84.5	4.0	84.5	4.7
CCSD(T)	80.4	0.3	81.4	3.8	81.4	4.6
B3LYP	77.2	7.7	78.6	7.3	79.4	7.5
CASSCF	80.9	−4.5	81.5	−4.1	81.5	−4.0
MRMP2	78.7	0.7	79.4	3.7	79.2	3.8

実験値 E_a = 79.2 ± 0.8 kcal mol^{-1}，ΔE = 5.2 ± 0.1 kcal mol^{-1}，*J. Chem. Phys.*, **106**, 4912 (1997).

HF 法では電子相関が取り込まれていないため，不正確な値になります．最も大きい cc-pVQZ を基底関数として使った MP4法や CCSD(T) 法では，活性化障壁も反応エネルギーも実験値に非常に近い値になります．一方，CASSCF 法では遷移状態はある程度正確な値を見積もる反面，反応エネルギーは不正確です．MRMP2法ではともに正確な値を算出します．B3LYP 法では一般に基底関数に依存せず正確なエネルギーが得られますが，MP 法や CC 法では基底関数の精度に依存する結果を与えます．ですから，実際に計算を行うときには，適切な基底関数を用いて DFT 法で構造を最適化して，高精度な *ab initio* 計算を行うという手順を踏むことを推奨します．

C11. 動力学計算への展開について教えてください

量子化学計算と動力学計算の違いについてはA5で少し述べました．量子化学計算では，多電子波動関数に対する具体的な計算方法（密度汎関数法では汎関数の種類）と1電子波動関数に対する基底系を指定し，分子の座標（デカルト座標あるいはZ-matrix）を入力して，その分子構造における電子波動関数（分子軌道法）あるいは電子密度（密度汎関数法）を決定し，同時に断熱ポテンシャルエネルギー（電子エネルギー＋核間Coulomb反発エネルギー）を計算します．分子の座標の関数として与えられる断熱ポテンシャルエネルギー曲面はD7で解説していますが，Born-Oppenheimer近似の枠組みで分子の運動を考える際のポテンシャルの役割を果たします．原子核の運動を古典力学で扱うと古典トラジェクトリー法となり，量子力学に基づいて波動関数で扱うと，量子波束シミュレーションを行うことになります．原子核の運動についてとりあえず古典力学で扱い，その結果に量子効果を近似的に加味する手法は半古典的方法と呼ばれます．

direct dynamics

化学反応では広い範囲のポテンシャル曲面が必要となりますが，その広範囲のポテンシャル曲面を量子化学計算によりカバーするためには多大な計算コストがかかります．そこで，量子化学計算に基づいて化学反応を議論するためには重要な座標領域に焦点をあて，素反応に対する固有反応座標を計算し，反応経路に直交する方向には調和近似を適用して得られる「反応経路ポテンシャル曲面」に基づいて反応速度を議論するアプローチがあります．この手法は，量子化学計算に基づき動力学的量を議論することから direct dynamics と呼ばれることがありますが，シミュレーションを伴わないので，dynamics という語感からは外れているように思われます．

direct dynamics という用語は，動力学シミュレーションを行う際にそのつど量子化学計算で得られるデータを用いる場合に使われます．代表的な手法として挙げられるのは，第一原理分子動力学法（または *ab initio* molecular dynamics：AIMD）で，ポテンシャル関数を必要としない古典トラジェクトリー法（trajectory on the fly）です．

古典トラジェクトリー計算では，各タイムステップにおいて各原子に働く力が求まれば加速度が決まり，加速度を数値的に積分していくことにより各原子の速度，位置座標を時間発展させることができます．各原子に働く力は断熱ポテンシャルエネルギーの核座標に関する1次微分に −1をかけることにより求まりますので，ポテンシャル曲面の局所的な情報に基づいたシミュレーションが可能です．

一方，原子核の自由度を量子力学的に扱う波束シミュレーションでは，時間ステップを進めるのにポテンシャル曲面の広範な領域の情報が必要となるので，普通は運動の自由度を制限して行われています．第一原理分子動力学法としては，Born-Oppenheimer 分子動力学法と Car-Parrinello 法が有名です [1]．Born-Oppenheimer 分子動力学法は，上で述べたプロセス（原子核に働く力の量子化学計算と加速度の数値積分）をその通り実行するものです．時間ステップ毎にきちんとした量子化学計算が必要になるので，非常に高い計算コストが要求されます．Gaussian では BOMD（Born-Oppenheimer Molecular Dynamics）キーワードで実行することが可能です．一方，Car-Parrinello 法は，分子軌道（または Kohn-Sham 軌道）の時間発展を SCF 計算を行わずに求める方法で，Born-Oppenheimer 分子動力学に比べるとかなり少ない計算コストでシミュレーションを行うことが可能です．元々は密度汎関数法の分野で開発されましたが，同様の手法は分子軌道法でも可能であり，Gaussian では類似の計算を ADMP（Atom-centered Density Matrix Propagation）キーワードで実行することが可能です．

図1に BOMD を用いて次の S_N2 反応の動力学をシミュレーションするインプットの一例を示します．

$$CH_3Cl + F^- \rightarrow CH_3F + Cl^-$$

```
#P UB3LYP/6-31G NoSymm
bomd=(Sample=Microcanonical,MaxPoints=200,GradientOnly)
bomd=(StepSize=10000,ReadVelocity)

CH3Cl + F- -> CH3F + Cl-

-1 1
C    0.0   0.0    0.0
Cl   0.01  0.0    1.80
H    0.0   1.0   -0.36
H    0.87 -0.5   -0.36
H   -0.86 -0.51 -0.36
F    0.60  0.0   -3.0

0                                   解離経路の数（設定しない場合は 0）
                        空行（解離経路を設定した時は，フラグメントの情報を入力）
0.0  0.0  0.0              各原子の速度ベクトル（ReadVelocity の場合は Bohr/sec 単位）
0.0  0.0  0.0
```

```
0.0  0.0  0.0
0.0  0.0  0.0
0.0  0.0  0.0
0.0  0.0  2.0d13
```

図1　BOMD法による第一原理分子動力学計算のインプット

BOMDキーワードに対する主なオプションは，以下の通りです．

・Sample: サンプリング方法（Orthant, Microcanonical, Fixed, Localから選択）
・StepSize: ステップ幅（0.1 as(＝10^{-19} s）単位で指定．10000の場合は1 fs）
・MaxPoints: 計算のステップ数（シミュレーション時間はStepSize × MaxPoints）
・GradientOnly: エネルギー勾配のみ（Hessianなし）で原子核座標を時間発展
・ReadVelocity: 速度ベクトルをインプットで指定（Bohr/sec単位）
・ReadMWVelocity: 荷重座標表示の速度をインプットで指定（$amu^{1/2}$ Bohr/sec単位）

図1の例で，ルートセクションにNoSymmを指定しているのは，インプットに書いた原子座標と速度ベクトルの座標軸を一致させるためです．この例では，F^-イオンを速度2×10^{13} Bohr/secで（並進エネルギーに直すと約0.22 eV），CH_3Cl分子の方向に打ち込んでいます．ミクロカノニカルアンサンブルを指定しているので，ポテンシャルエネルギーと原子核の運動エネルギーを足した全エネルギーが保存し，真空中の反応を追うことに対応します．軽元素（Hなど）を含む場合は，実際にはステップ幅1 fsではエネルギー保存が十分ではなく，0.25 fs程度に短くする必要があります．GaussViewなどを利用すれば，計算のアウトプットファイルからトラジェクトリーをアニメーションで見ることができます．反応の分子動力学計算は，初期条件によって大きく結果が変わりますので，1本のトラジェクトリーだけで反応を議論することは基本的にはできません．衝突する分子の並進エネルギーを固定したとしても，分子配向や初期の振動状態などを変えた多くのトラジェクトリーの情報を総合して判断する必要があります．また，ここではミクロカノニカルアンサンブルを扱いましたが，温度一定のシミュレーションを実行することも可能です．

第一原理分子動力学法の最大のメリットはポテンシャル関数が不要な点にあり，どのような系に対しても適切な量子化学の計算方法を選択すればシミュレーションが可能なことですが，その代償として，ポテンシャル関数を用いた動力学シミュレーションに比べて計算コストが膨大なものになります．しかし最近のコンピュータの高性能化・低コスト化の傾向は，ますますdirect dynamicsの研究を促進しており，様々な応用研究が報告されています．

励起反応ダイナミクス

direct dynamicsの最近のトピックスの1つとして，光反応をターゲットとした励起反応ダイナミクスの研究が挙げられます．励起状態のエネルギー勾配を計算することができる方法であれば励起ポテンシャル曲面での古典トラジェクトリー計算は可能であり，現在のプログラム環境では，分子軌道法ではCIS法と状態平均CASSCF法，密度汎関数法では時間依存密度汎関数法（Time-dependent DFT: TDDFT）の枠組みでの応用が考えられます．励起ポテンシャル曲面の形状を再現する上でCIS法は精度が低いので，分子軌道法の枠組みでは状態平均CASSCF法が用いられますが，CASSCF法では動的電子相関が考慮されていないので定量的な精度としては不十分と言わざるをえません．最近は，動的電子相関を考慮したCASPT2レベルでの励起状態ダイナミクス計算も行われるようになりつつあります．

他方，TDDFT法はコスト的にも精度の上でも魅力的なアプローチですが，多電子励起が寄与する励起状態には適用できないという問題があります．励起ダイナミクスでは，分子系があるポテンシャル曲面から別のポテンシャル曲面に乗り移る非断熱遷移が重要となりますが，TDDFT法の枠組みでは非断熱結合項を計算することが困難であり，その点もネックとなっています．

[1] 押山淳，天能精一郎，杉野修，大野かおる，今田正俊，高田康民，岩波講座　計算科学3　計算と物質（岩波書店，2012），第5章．

D 役に立つポイント

D1. 量子化学計算ではなぜ分子の対称性が重要なのでしょうか？

水分子の対称性

水分子の構造最適化を行う際，例えば，2つのO–H結合距離とH–O–H結合角の3つの構造変数を決定する必要があります．ご存知のように，水分子の基底状態の平衡構造は2等辺3角形の形をしています．水分子の形を2等辺3角形型に限定すると，その対称性から2つのO–H結合距離は等しいので，独立な構造変数は2つになり，決定すべき変数の数を減らすことができます．ベンゼンの場合では，何の対称性も考慮しないと30個の構造変数を決定する必要がありますが，正六角形型と仮定すると独立な構造変数は2つだけ（例えば，C–C結合距離とC–H結合距離）になります．このように，分子に対称性がある場合，その対称性を利用すると計算コスト（計算時間や必要な計算機資源）を大幅に削減することができます．

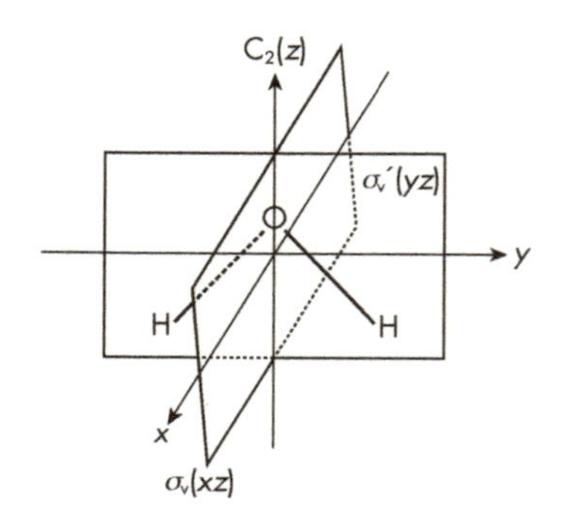

図1　水分子の対称操作

水分子に対して，図1のようにH–O–H角の2等分線を z 軸，分子面を yz 面にとると，(1) z 軸のまわりに180度回転させる，(2) xz 面での鏡像をとる，(3) yz 面での鏡像をとる，という操作を行っても，もとの形と区別できません．このような操作を対称操作といいます．これらに，(4) 何もしない，という対称操作を加えた4つの対称操作の組は C_{2v} と呼ばれる点群を作り，2等辺3角形型の水分子は C_{2v} 対称性を持つ，などと言います．分子は対称操作の組み合わせによって，約30種類程度に分類できます．対称操作を数学的に取り扱うためには，群論と呼ばれる理論体系が用いられます．

群論と分子軌道

群論の本を見ると，各点群に対して単純指標表というものが与えられています．表1はC_{2v}点群に対するものです．この表の1行目が上述の対称操作で，Eは(4)，C_2は(1)，$\sigma_v(xz)$は(2)，$\sigma_v'(yz)$は(3)に対応しています．表中の数字1はその対称操作に関して対称的(符号を変えない)，-1は反対称的(符号が変わる)であることを意味します．A_1，A_2，B_1，B_2は既約表現と呼ばれるもので，各対称操作による変化の仕方を分類したものです．

表1　C_{2v}の単純指標表

	E	C_2	$\sigma_v(xz)$	$\sigma_v'(yz)$		
A_1	1	1	1	1	z	x^2, y^2, z^2
A_2	1	1	-1	-1	R_z	xy
B_1	1	-1	1	-1	R_y, x	xz
B_2	1	-1	-1	1	R_x, y	yz

図1の酸素原子の$2p_z$軌道に対してこれら4つの操作を施すと，いずれの操作に対しても対称的，すなわち1であることからこの$2p_z$軌道はa_1対称性に属していることが分かります．右から2列目のA_1の行にzとあるのはこのことと対応しています．なお，軌道の対称性については小文字を用いてa_1のように表すのが慣例です．

同様にして，酸素原子の$2p_x$軌道は，Eと$\sigma_v(xz)$に関して対称的，C_2と$\sigma_v'(yz)$については反対称的であることからb_1対称であることが分かります．一方，水素原子の1s軌道そのものは既約表現に属していませんが，2つの水素原子の1s原子軌道の線形結合を取ることにより，a_1およびb_2の軌道を作ることが可能です．

このように，C_{2v}対称性を持つ分子では，構成原子の各原子軌道(基底関数)は4つの対称性(a_1，a_2，b_1，b_2)のいずれかに属すように変換することができ，また，構成原子の軌道(基底関数)の線形結合で表される(LCAO-MO法)分子軌道も4種類に分けられます(4種類しかないとも言えます)．

Gaussianでは入力構造から自動的に分子の属する点群を認識し，対称性に関する情報を出力します．例えば，水分子の計算では，まず"Full point group"の後に点群が表示されます．

```
Full point group                C2V      NOp    4
```

この表示より，C_{2v}点群を認識していることが分かります．分子軌道や電子状態(電子項)の対称性は，"Orbital symmetries"を検索すると次のように表示されます．

```
Orbital symmetries:
     Occupied  (A1) (A1) (B2) (A1) (B1)
     Virtual   (A1) (B2)
The electronic state is 1-A1.
Alpha  occ. eigenvalues --  -20.25164  -1.25749  -0.59371  -0.45978  -0.39263
Alpha virt. eigenvalues --    0.58166   0.69238
```

"The electronic state is" の後の "1-A1" は電子状態（全電子波動関数）が $^1A_1$，すなわちスピン1重項の A_1 状態であることを表します（電子状態の対称性は後述）．ただし，対称性が判別されない場合もあります．

図2はB9で得た水分子の分子軌道を再掲したものです．この結果からは，a_1 対称の分子軌道（1，2，4，6番目）ではいずれも酸素原子の p_x 軌道や p_y 軌道の係数が0である，b_1 対称の分子軌道（5番目）は酸素原子の p_x 軌道のみから成っている，2つの水素原子の1s軌道の係数は等しいか符号が反対かのいずれかである，この基底関数系では a_2 対称の分子軌道はない，などが分かります．これらのことは，表1の単純指標表とつじつまがあっていることが確認できます．

```
      Molecular Orbital Coefficients:
                           1          2          3          4          5
                        (A1)--O    (A1)--O    (B2)--O    (A1)--O    (B1)--O
      Eigenvalues --   -20.25164  -1.25749   -0.59371   -0.45978   -0.39263
    1 1   O  1S          0.99422  -0.23377    0.00000   -0.10404    0.00000
    2        2S          0.02584   0.84451    0.00000    0.53817    0.00000
    3        2PX         0.00000   0.00000    0.00000    0.00000    1.00000
    4        2PY         0.00000   0.00000    0.61275    0.00000    0.00000
    5        2PZ        -0.00416  -0.12280    0.00000    0.75574    0.00000
    6 2   H  1S         -0.00558   0.15557    0.44925   -0.29520    0.00000
    7 3   H  1S         -0.00558   0.15557   -0.44925   -0.29520    0.00000
                           6          7
                        (A1)--V    (B2)--V
      Eigenvalues --     0.58166   0.69238
    1 1   O  1S         -0.12578   0.00000
    2        2S          0.81977   0.00000
    3        2PX         0.00000   0.00000
    4        2PY         0.00000   0.95962
    5        2PZ        -0.76369   0.00000
    6 2   H  1S         -0.76900  -0.81452
    7 3   H  1S         -0.76900   0.81452
```

図2　水分子の分子軌道

このように，対称性についての考察から分子軌道を構成する線形結合に現れる成分が限定されます．このことは，分子軌道の計算を対称性ごとに独立に行えることを示唆しており，計算の効率化につながります．

ここまで，C_{2v} 対称の分子の軌道は4つの対称性に分類されると述べてきましたが，このことは電子状態についても成立するものです．電子状態の対称性は電子配置から決定できます．もし，b_1 対称の軌道に電子が1個あれば，電子状態の対称性は B_1 です．電子状態の対称性は大文字で表します．電子が複数ある場合は，各対称操作について単純指標の積（直積）をとることで決定できます．例えば，b_1 対称の軌道と b_2 対称の軌道に電子が1個ずつある場合，E については $1 \times 1 = 1$，C_2 については $-1 \times -1 = 1$，σ_v については $1 \times -1 = -1$，$\sigma_v{}'$ については $-1 \times 1 = -1$ となり，A_2 対称であることが分かります．なお，同じ対称性の軌道に電子が2個あれば，A_1 対称となります．水分子の基底状態の電子配置は，図2から

$$(a_1)^2 (a_1)^2 (b_2)^2 (a_1)^2 (b_1)^2$$

で，電子状態の対称性は A_1 です．いま，HOMO(5番目）から LUMO(6番目）に電子が1つ励起したとすると，その電子配置は

$$(a_1)^2 (a_1)^2 (b_2)^2 (a_1)^2 (b_1)^1 (a_1)^1$$

となり，その対称性は B_1 となります．電子励起状態は1つの電子配置では表せずに，複数の電子配置で表現されることがありますが，この電子配置は B_1 対称の電子状態にしか現われないことを意味します．

ある対称性を持つ分子の一部を異なる原子や原子団などで置換すると，厳密にはその対称性は失われますが，置換による構造の変化が大きくなければ元の分子の対称性に基づいた議論が可能です．

さらに，群論は電子スペクトルや分子の基準振動および回転といった分子スペクトルに関する議論や反応などの分子間の相互作用についての議論にも威力を発揮しますので，分子の性質のほとんどは対称性によって決定されるといっても過言ではないでしょう．詳しくは，化学者向けの群論の本 [1,2] を参照してください．

[1] 藤永茂，成田進，化学や物理のためのやさしい群論入門（岩波書店，2001).

[2] 中崎昌雄，分子の対称と群論（東京化学同人，1973).

D2. 電子状態のスピン対称性について教えてください

スピン多重度

量子化学計算プログラムは必要な分子の座標を指定しただけではうまく動きません．取り扱う分子の電子状態に関する基本情報，α電子とβ電子の数を指定する必要があります．

Gaussianなど量子化学計算プログラムの多くでは，分子全体の電荷とスピン多重度を指定する必要があります．スピン多重度はα電子数とβ電子数の差$2S$(Sはスピン量子数）を用いて，$(2S+1)$で定義され，スピン状態に関する縮退度を意味します．電子数の差が0であれば1重項に，1であれば2重項に，2であれば3重項になります．この部分は初心者が量子化学計算をする上で最も間違えやすい部分なので気を付けてください．特に，開殻系を取り扱う場合，計算結果の$\boldsymbol{S}^2$の期待値を確認する必要があります．電子波動関数は本来$\boldsymbol{S}^2$の固有関数で，固有値は$S(S+1)$になります．つまり，1重項は0，2重項は0.75，3重項は2になります．しかし，非制限軌道（α電子とβ電子それぞれ別の空間軌道を用いる）を用いたUHF計算を行う場合，より高次のスピン多重度を持った状態が混入し，$\boldsymbol{S}^2$の期待値が実際に指定したスピン多重度より大きくなります．これをスピン混入(spin contamination)と言います．本来の値より著しく大きくなった場合はスピン対称性が崩れていますので結果の解析には注意が必要です．また，スピンの満たすべき条件を全て満たした，S_z，$\boldsymbol{S}^2$の同時固有関数をスピン固有関数と言います．スピン多重度についてより深く理解したい方は量子力学における角運動量の合成について勉強してください[1].

実際の計算

ここでは，2重項の平面型メチルラジカルのUHF計算を例に，アウトプットで確認すべき部分を挙げます．まず，上で述べた$\boldsymbol{S}^2$の期待値を確認しましょう．"SCF Done"の後に"S**2"に続いて次のように表示されます．

```
SCF Done:  E(UHF) =  -39.5589919801     A.U. after   11 cycles
           NFock= 11  Conv=0.48D-08      -V/T= 2.0001
<Sx>= 0.0000 <Sy>= 0.0000 <Sz>= 0.5000 <S**2>= 0.7615 S= 0.5057
```

理想的な3重項では0.75なのに対して0.76程度なので，この場合はスピン混入は軽微です．多くの場合，混入に最も寄与しているのはスピン量子数が $S+1$ の状態です．この状態を射影して消した波動関数の $\boldsymbol{S}^2$ の期待値が，直後に次のように表示されています．

```
S**2 before annihilation     0.7615,    after     0.7501
```

スピン混入が多少大きくても，"after" の後の数字が理想的なものに近い場合は，射影した波動関数に対するエネルギー期待値を求めることでスピン混入の影響を少なくすることができます．UMP2計算を実行することにより，これを行うことが可能で，結果は次のように出力されます．

```
E(PUHF)=   -0.39562058156D+02     E(PMP2)=   -0.39674933095D+02
```

"E(PUHF)" がスピン射影UHFエネルギー，"E(PMP2)" は近似スピン射影UMP2エネルギーです．

また，特に対称性のある開殻系の計算では，電子項（電子状態の対称性）にも注意を払う必要があります．D1で述べたように，Gaussianでは分子の点群が自動的に認識され，

```
Full point group                    D3H      NOp   12
```

と D_{3h} 点群に属することがわかります．電子項は

```
The electronic state of the initial guess is 2-A2".
```

と表示され，これは $^2A_2$ 状態を意味します．

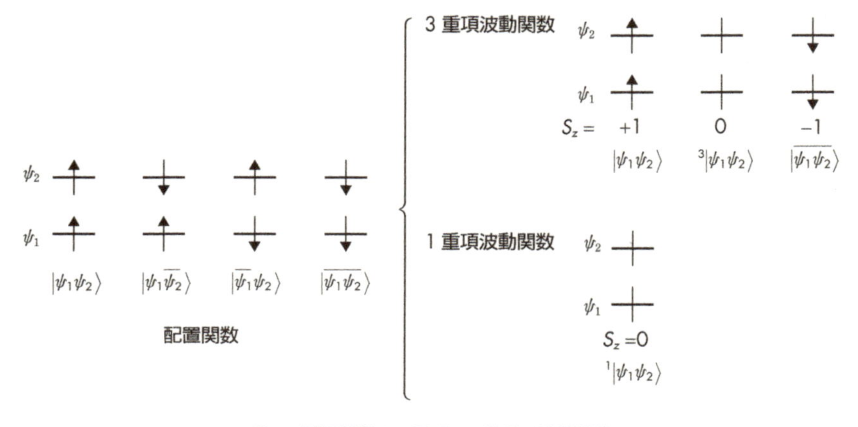

図1　配置関数と1重項・3重項の波動関数

ここからは，特殊な電子状態に対する説明を挙げます．最初に，開殻1重項について説明します．図1のように，2つの軌道を電子が1つずつ占有する場合，4通りの電子配置が考えられます．なお，分子軌道関数にバーが付いているのはβ電子であることを示しています．3重項波動関数ではS_zが±1のときはそれぞれ1つの電子配置で波動関数を記述できます．しかし，1重項と3重項波動関数でS_zが0の場合は$|\overline{\psi_1}\psi_2\rangle$と$|\psi_1\overline{\psi_2}\rangle$の線形結合で表現されて，3重項が

$$^3|\psi_1\psi_2\rangle=\frac{1}{\sqrt{2}}(|\bar{\psi}_1\psi_2\rangle+|\psi_1\bar{\psi}_2\rangle)$$

で，1重項が

$$^1|\psi_1\psi_2\rangle=\frac{1}{\sqrt{2}}(|\bar{\psi}_1\psi_2\rangle-|\psi_1\bar{\psi}_2\rangle)$$

となります．つまり，開殻1重項状態を厳密に理論計算で求めるためには，電子状態をスピン対称性を満たす電子配置で記述する理論が必要になります．

次に，直線分子等の縮退表現を持つ分子や原子の取り扱いについてです．一般的な分子は縮退がない群（Abel群）に属しており，分子の電子項が分かっている場合，ある既約表現に属する占有軌道から仮想軌道に電子を励起させても，分子の電子状態は群に属する既約表現になります．しかし，縮退表現のある点群（非Abel群）の場合は話が複雑になり，上記の操作を行ったとしても，群の既約表現になることが保証されません．直線分子の縮退したπ軌道に2電子占有させるモデルを例に考えると，表1のようになります．この場合，$^3\Sigma^-$，$^1\Sigma^+$，$^1\Delta$の3つの電子項が出てきます．この解の導出もスピンの問題と同じで，角運動量の合成を学ぶことで理解することができます．実関数π_x，π_yを用いた場合，波動関数の一部は複数の電子配置の線形結合になりますが，l_zの固有関数である$\exp(\pm i\phi)$，つまりπ_{+1}，π_{-1}で表現した波動関数はよりシンプルな形になっています．

表1　π軌道に電子が2つ占有した場合の波動関数の表現

電子項	π_x, π_y 軌道で表現した波動関数	π_{+1}, π_{-1} 軌道で表現した波動関数
$^3\Sigma^-$	$\lvert\overline{x}\,\overline{y}\rangle$, $^3\lvert xy\rangle$, $\lvert xy\rangle$	$\lvert\overline{+1},\ \overline{-1}\rangle$, $^3\lvert +1,\ -1\rangle$, $\lvert +1,\ -1\rangle$
$^1\Sigma^+$	$\frac{1}{\sqrt{2}}(\lvert x\overline{x}\rangle+\lvert y\overline{y}\rangle)$	$^1\lvert +1,\ -1\rangle$
$^1\Delta$	$^1\lvert xy\rangle$, $\frac{1}{\sqrt{2}}(\lvert x\overline{x}\rangle-\lvert y\overline{y}\rangle)$	$\lvert -1,\ \overline{-1}\rangle$, $\lvert +1,\ \overline{+1}\rangle$

また，直線分子以外で縮退がある場合は，群の既約表現としてAとEが存在し，

縮退する2つの軌道の組$\{\psi_1, \psi_2\}$を用いて

^{3}A 状態：$|\overline{\psi_1}\,\overline{\psi_2}\rangle$，$^3|\psi_1\psi_2\rangle$と$|\psi_1\psi_2\rangle$

^{1}A 状態：$\frac{1}{\sqrt{2}}(|\psi_1\overline{\psi_1}\rangle+|\psi_2\overline{\psi_2}\rangle)$

縮退した^{1}E 状態：$^1|\psi_1\psi_2\rangle$と$\frac{1}{\sqrt{2}}(|\psi_1\overline{\psi_1}\rangle-|\psi_2\overline{\psi_2}\rangle)$

と表現されます．縮退が起こる場合や開殻1重項の問題でも，DFTなどを用いてある程度議論することが可能ですが，ここで見たように本来はCASSCF法など，多配置理論や多参照理論でないと扱うことができないことを念頭に置きましょう．必要に応じて，簡単な系で方法論による比較をしておくと良いでしょう．

CASSCF法によるO原子の励起状態計算

最後に，応用としてO原子の基底状態と励起状態をCASSCF法で計算する例を挙げます．O原子は，3つの縮退した2p軌道に4つの電子を収容するので，フントの規則から3重項，全軌道角運動量量子数1の^{3}P状態が基底状態となります．^{3}P状態はスピンと空間対称性から9状態（$= 3\times3$）が縮退しています．3つの軌道（合計6電子収容可）に4電子を収容する電子配置の数は15通り（$= {}_6C_4$）あるので，残りの6状態が1重項の励起状態になり，^{1}S状態と5重縮退した^{1}D状態とに分かれます．A2で説明したように，縮退した軌道を一部占有する電子状態の記述には，CASSCFなどの多配置SCF計算が必要になります．^{3}P状態のCASSCF計算のインプットは，ルートセクションに"CASSCF(4,3)"を指定し（活性空間に4電子3軌道を含むことを指定），スピン多重度の指定を3にすれば完成です．ただし，今回はOの2p軌道が初期軌道でも縮退していることが明らかであるため，活性空間に入っている軌道の確認を行っていませんが，分子の場合には本計算の前に必ず確認すべきです（"Guess＝Only"を指定すると，初期軌道のみ計算して出力することができます）．^{1}D状態は1重項の最低エネルギー状態なので，先ほどのインプットのスピン多重度の指定を1にすれば計算できます．^{1}S状態は，1重項の中でも5重縮退した^{1}D状態の上にある6番目の状態なので，この状態を求めることを明示する必要があります．したがって，^{1}S状態を求めるインプットファイルは図2のようになります．

```
#P CASSCF(4,3,NRoot=6)/cc-pVDZ          NRootで求める解を指定

O atom  1-S
```

```
0  1
O
```

電子数とスピン多重度

図2　O原子の ^{1}S状態に対するCASSCF計算のインプットファイル

この計算のアウトプットで重要な部分はまず，基底となる電子配置関数の情報で，以下のように書かれています．

```
                                        IRREP. LABELS FOR ORBITALS
                                               8 6 7
     BOTTOM WEIGHT=  6      TOP WEIGHT= 10
     Configuration          1 Symmetry 1 110
     Configuration          2 Symmetry 4 1ab
     Configuration          3 Symmetry 1 101
     Configuration          4 Symmetry 2 a1b
     Configuration          5 Symmetry 3 ab1
     Configuration          6 Symmetry 1 011
```

"IRREP. LABELS FOR ORBITALS" の下に，活性空間に入っている3つの軌道の対称性が数字で表されています．原子の計算なので，最も対称性の高いAbel群である D_{2h} 点群が用いられており，指標表から8は b_{3u}，6は b_{1u}，7は b_{2u} 対称の軌道であることを表します．"Configuration" の各行の一番右には活性空間の電子配置が示されており，1は2電子占有，aとbはそれぞれ α，β スピンの占有を表します．配置 "1ab" があるのに "1ba" がないのは，指定した1重項のスピン対称性を満足するように線形結合を取った配置関数のみを使用するためです．各配置関数の対称性も，軌道と同様に番号で示されており，1は A_g，2は B_{1g}，3は B_{2g}，4は B_{3g} です．

エネルギーは "EIGENVALUES" で検索すると以下のように表示されます．

```
EIGENVALUES AND  EIGENVECTORS OF CI MATRIX

   ( 1)      EIGENVALUE      -74.7046702783
 (    5) 0.7114182 (    4)-0.6935599 (    3) 0.0801837 ...

(中略)

   ( 5)      EIGENVALUE      -74.7046702783
 (    2) 0.9999984 (    1)-0.0012797 (    3) 0.0012797 ...

   ( 6)      EIGENVALUE      -74.5853077962
 (    6) 0.5773503 (    3) 0.5773503 (    1) 0.5773503 ...
```

"EIGENVALUE" の後ろの数字がHartree単位のエネルギーです．1番目から5番目までエネルギーが同じなので，^{1}D状態であることがわかります．この計算で注目した6番目の状態のエネルギーは，−74.585 Hartreeです．エネルギーの下にある数字は，括弧内の番号の配置関数の寄与を表しており，2乗和が1に規格化されています．上に示した配置関数の情報と対応させせると，3つの軌道のうち2つに4電子が詰まった配置1，3，6が均等に寄与しており，^{1}S状態であることが分かります．

表2に上のCASSCF計算で得られた^{3}P状態と^{1}Sおよび^{1}D状態のエネルギー差を，実験値と合わせてまとめました．^{1}Sは実験値との誤差が1 eV以上ありますが，この原因はA2で説明した通りCASSCF法では動的電子相関の見積もりが不十分であるためです．したがって，基底関数を大きくし，GAMESSのMRMP計算やMolproのCASPT2計算などを行うことで，計算結果は大幅に改善します（MRMP計算の結果は，合わせて表2に掲載しました）．MRMP計算についてはG章を参照してください．

表2　O原子の基底状態（^{3}P）と励起状態（^{1}D，^{1}S）のエネルギー差（eV）

State	CASSCF/cc-pVDZ	MRMP2/cc-pVDZ	MRMP2/cc-pVQZ	実験値
^{1}D	2.23	2.13	1.96	1.97
^{1}S	5.50	4.48	4.30	4.19

[1] 例えば，高柳和夫，原子分子物理学（朝倉書店，2000），pp.170-189.

D3. 計算する分子が大きい場合の注意点を教えてください

計算対象分子が大きい場合，やみくもに高精度の計算を行うと時間を無駄に費やすだけになってしまう危険性があります．分子の構造最適化をする際には，何段階かに分けて行ったほうが効率的なことが多いです．

その方法としては，まず粗い近似の方法や小さい基底関数を使った精度の低い計算を行い，得られた構造を初期構造としてさらに精度の高い計算で最適化する方法があります．また，末端部など分子の基本骨格以外の部分を固定して基本骨格のみを部分的に構造最適化し，その基本構造を使って全体の最適化を行う方法等が挙げられます．

B7にあるように，Gaussianでは分子構造が最適化されたかどうかはForceとDisplacementの値が十分小さくなったかどうかで判定します．系が大きくなるとわずかな力が加わるだけで大きく変位する部分がでてきて，Forceは収束条件を満たしているのに，Displacementがしきい値より大きいままであることがしばしばあります．そのようなときは，Opt=(MaxStep=N)やIOp(1/8=N)オプション（Nのデフォルトは30なので，これより小さい数字を指定する）によって核を動かすステップサイズを小さくするとうまくいくことがあります．

近年，分子系全体を1つの計算方法で行うのではなく，いくつかに分割して，重要な部分は高精度な方法で，あまり本質的ではない部分は低精度な方法で取り扱う手法が開発されてきました．高精度な取扱いは量子力学（量子化学）計算（QM）を，低精度な取扱いは分子力学計算（MM）を行うことからQM/MM法と呼ばれます．QM/MM法の骨子となる「複雑な化学反応に関するマルチスケールモデルの開発」という業績に対し，Karplus, Levitt, Warshelに2013年のノーベル化学賞が授与されたのは記憶に新しいところです．Gaussianでは諸熊らによって開発されたONIOM法が利用できます．ONIOM法についてはE7を参照してください．また，GAMESSにはフラグメント分子軌道（Fragment MO: FMO）法や分割統治（Divide-and-Conquer: DC）法といった，系全体を分割して計算する分割計算法が実装されています（E8参照）．これらの方法は，分割した断片（フラグメント）の計算を別々のコンピュータで行うことで全体の計算時間の短縮が期待できるので，並列計算に適した方法です．

D4. 数値計算精度を上げるためのキーワードを教えてください

量子化学計算で得られる結果の「計算精度」についてはB11で出てきましたが，そこで述べられている精度は，用いる計算方法と基底関数により決まる精度です．計算方法とは，分子軌道法では多電子波動関数に対してどのような近似波動関数を用いるかを指し，密度汎関数法では交換・相関汎関数として何を用いるかを意味します．基底関数は，1電子波動関数である分子軌道を表現する関数の組であり，様々な種類があります（A3参照）．計算精度を上げるためにはより厳密な計算方法および質の高い基底関数を用いることが重要ですが，その場合には当然高い計算コストが要求されますので，目的に応じて計算方法を選択することとなります．適切な方法を選択するためには，各方法がどのくらいの精度を与えるのかについて知っておくことが重要です．計算精度と計算時間についてはB11にまとめていますので参照してください．

この項目で解説する「数値計算精度」は，計算レベルによって決まる精度ではありません．計算方法と基底関数が同じであっても，実際に行われる計算は数値計算ですので，適切な対処を怠ると結果が大きく違ってくる可能性があります．電子状態計算は様々な数値計算のステップを含んでおり，各数値計算の精度を決めるパラメータがいくつか存在しています．これらのパラメータには，標準的な計算で十分と判断されている値がデフォルト値として入っていますが，計算によってはこれらデフォルト値をより厳しい値に変えないと大きく数値誤差が生じる場合があり，注意が必要です．

例えば，分子の座標と計算方法・基底関数を指定するとまず分子積分を計算しますが，計算コストを節約するため実際の積分の計算に入る前にスクリーニングをして，基準値以下の値をとることが見込まれる積分は計算からはずします．しかし分散関数を多数加えるなど大きな基底関数を使う場合にこのcutoffによる誤差が大きくなることがあり，デフォルト値を変える必要がある場合があります．このような誤差は，まずエネルギーに影響し，時としてこれが原因でSCFが収束しないなどの問題を引き起こします．さらに，エネルギー微分に対してより大きな影響を与えるので，構造最適化を行う場合には注意が必要です．分子積分に関しては，Gaussianでは，例えば"Int=(Acc2E=11)"とすることにより，積分の精度を10^{-11}にすることができます（デフォルトは10^{-10}です．Gaussian03を利用している場合には使えないオプションなので，代わりに "IOp(5/87=11)" としてください）．また，Gaussian ではSCF計算の初期は積分の計算精度を落とすことにより計算速度の向上を図っていますが，これが悪影響を与える場合もあります．この機能をオフにする "SCF=NoVarAcc" も効果があるかもしれません．さらに，SCF計算では通常，毎回Fock行列を0から作成するのではなく，前回の行列からの更新分を足すことによっても速度の向上を図っていて，これも計算精度を悪くする原因となります．この機能をオフにするには "SCF=NoIncFock" を指定します．

その他にSCF計算の数値精度に関係する項目としては，SCFの収束条件があります．特に微分値やプロパティの計算には，収束条件が甘いと正しい計算結果を得られない場合がありますし，基底関数に分散関数が含まれる場合には，エネルギー計算でも問題になる場合があります．Gaussian09では，収束条件の厳しい "SCF=Tight"（密度行列の変化の根平均2乗誤差が 10^{-8} 以下）がデフォルトとなっていますが，より厳しくするには，例えば "SCF=(Conver=9)" とするとしきい値が 10^{-9} になります．また，DFT計算の場合には交換相関積分をグリッド点に対する数値積分で計算するため，グリッドの精度が問題になることがしばしばあります．特に柔らかい振動モードを持つ大きな分子の構造最適化をしている場合などは，"Int=(Grid=Ultrafine)" を指定しておくことをお勧めします（さらに精度の良いグリッドにSuperFineGridもあります）．

構造最適化計算をしている場合には，構造最適化の収束条件も数値計算精度に影響を与えます．C1で説明したように，"Opt=Tight" あるいは "Opt=VeryTight" を指定すると，収束判定のしきい値を小さくすることができます．弱い相互作用を持つ系の構造を求める場合だけでなく，大きな分子の振動数計算を行う場合などでも影響が大きいので，そのような場合はこれらのオプションを利用するべきです．

このように，より厳密な結果を得るためには，様々なオプションによって数値計算精度を向上させる必要があります．上で例示した場合以外にも，余裕があれば，コスト的には少し高くなりますが，各収束条件を厳しくして再計算し，結果への影響がどの程度のものなのかを調べることをお勧めします．

D5. 「大きさについて無矛盾」とはどういう意味ですか？

水の二量体を考えます．2つの水分子がどんどん離れていき，水分子間の距離が無限大になったとすると，2つの水分子の間には相互作用がなくなります．このとき，無限に離れた2つの水分子からなる系のエネルギー $E[(\mathrm{H_2O})_{2\,\infty}]$ は，1つの水分子のエネルギー $E[\mathrm{H_2O}]$ のちょうど2倍

$$E[(\mathrm{H_2O})_{2\,\infty}] = 2E[\mathrm{H_2O}] \quad (1)$$

になるはずです．HF, MP2, CISD, CCSD, B3LYP の5つの計算方法で実際に計算したものが表1です．ただし，$E[(\mathrm{H_2O})_{2\,\infty}]$ の計算は水分子間の距離を 50 Å として行いました．

表1　水分子および水二量体のエネルギー (hartree)

計算方法 [a]	$2E[\mathrm{H_2O}]$	$E[(\mathrm{H_2O})_{2\,\infty}]$ [b]	$E[(\mathrm{H_2O})_2]$	ΔE (kcal mol^{-1}) [c]
HF	−152.06262	−152.06262	−152.07063	5.03
MP2	−152.46675	−152.46675	−152.47696	6.41
CISD	−152.46514	−152.44605	−152.45565	−5.95 (6.02)
CCSD	−152.48241	−152.48241	−152.49205	6.05
B3LYP	−152.86825	−152.86825	−152.87785	6.02

[a] 基底関数は 6-31++G(d,p) を使用．
[b] 水分子間の距離を 50 Å として計算したものを代用．
[c] $2E[\mathrm{H_2O}] - E[(\mathrm{H_2O})_2]$．CISD 法での括弧内の値は $E[(\mathrm{H_2O})_{2\,\infty}] - E[(\mathrm{H_2O})_2]$．

表1の2列目と3列目を比べると，5つの計算方法のうち，CISD 法以外は (1) 式が成立しています．これらの方法は「大きさについて無矛盾 (size-consistent)」であるといいます．摂動法やクラスター展開法は，MP2 法や CCSD 法以外の次数のものでも size-consistent です．他方，CISD 法のような途中で展開を打ち切った配置間相互作用法は size-consistent ではありません．すべての励起配置を考慮した full CI 法のみが size-consistent になります．また，表1の2列目の水分子のエネルギーの2倍と，4列目の水二量体のエネルギーから，水二量体の結合エネルギーを

$$\Delta E = 2E[\mathrm{H_2O}] - E[(\mathrm{H_2O})_2]$$

として計算すると，CISD 法以外は妥当な値を算出していますが，CISD 法では結合エネルギーが負となり，物理的におかしな結果になってしまいます (表1最右列)．そこで，CISD 法において，表1の2列目の水分子のエネルギーの2倍の代わりに，3列目の無限に離れた2つの水分子のエネルギーを用いて

$$\Delta E = E[(H_2O)_{2\infty}] - E[(H_2O)_2]$$

として結合エネルギーを計算すると，CCSD法による値にほぼ等しい妥当な値になります．このように，CISD法のようなsize-consistentではない方法では，解離した分子（ここでは水分子）をばらばらに計算した値の和ではなく，これらの結合距離が無限大である1つの分子として計算した値を使う必要があります．このような取扱いを超分子（supermolecule）法と呼びます．

現在は，上述のように2つの分子を無限遠に離したときのエネルギーを考えるsize-consistencyのほかに，「N分子系のエネルギーが$N \to \infty$の極限でNに比例する」というsize-extensivityの概念を分けて考えることが一般的になりつつあります．これについては本書の内容を超えるので，詳しくは参考文献［1，2］を参照して下さい．

［1］A. ザボ，N. S. オストランド，新しい量子化学　下（東京大学出版会，1988），pp.338-346.

［2］I. Shavitt, R. J. Bartlett, Many-Body Methods in Chemistry and Physics(Cambridge University Press, 2009), pp.11-17.

D6. 相対論効果について教えてください

量子力学の基礎方程式である Schrödinger 方程式には，相対性理論の効果はまったく考慮されていません．電子スピンは相対性理論に由来するものなので，電子波動関数を組み立てる際に電子スピンを考慮に入れることは間接的に相対論効果を考慮していることになりますが，電子スピンとして α, β の2種類の状態が存在することと電子が Fermi 粒子であることを前提に Schrödinger 方程式に基づいて立脚した理論体系は，非相対論的量子力学に分類されます．

相対性理論は，粒子の速度が光速に近くなったときに重要になります．原子中の電子で考えると，周期表の下の方に位置する元素ほど核電荷が大きく，電子を引きつける力が大きいので，特に内殻電子の速度の期待値は光速に近づくことになり，Schrödinger 方程式による取り扱いは間違った解を与えます．Dirac は，相対性理論を取り込んだ量子力学の基礎方程式（Dirac 方程式）を導出しました．

相対論効果は，典型元素においてあまり問題にならないこともあり，Dirac 方程式に基づく相対論的な扱いは量子化学分野では立ち遅れていました．重い元素で問題となる相対論効果よりも，すべての元素で重要となる電子相関の理論手法の開発により多くの努力が払われてきたわけです．

比較的早い時期から開発されてきた相対論効果を考慮する手法として，有効内殻ポテンシャル（ECP）法あるいはモデルポテンシャル法があります．化学結合や化学反応で重要な役割を果たすのは原子価殻（valence）の電子であるので，内殻（core）の電子を valence の電子に影響を及ぼすポテンシャルに置き換えてしまい，valence の電子のみあらわに取り扱う手法です．相対論効果がより効いてくるのは内殻の電子ですから，これら内殻電子をポテンシャルに置き換える際に，相対論の効果を考慮してポテンシャルのパラメータを決定します．ECP 法を適用すると，相対論効果を取り込むことができると同時に取り扱うべき電子数も減りますので，重い原子を含む系に対しては特によく用いられてきました．ECP についてはいくつかのグループが様々な指針で開発を行っていて，ユーザーは基底関数と同様に各ポテンシャルの特徴を理解した上で選択し適用することが重要です．Gaussian では，6-31G などを指定する代わりに ECP とセットになった基底関数系（LanL2DZ など）を指定することにより ECP の取り扱いが可能です．Gaussian には実装されていない ECP も多いので，そのようなものを使う際には項目 C7 を参照してください．

近年，重原子系の化学の重要性が増すとともに，相対性理論の効果をより明示的に取り込んだ手法の開発が盛んになり，なかでもRESC(Relativistic scheme by Eliminating Small Components)法やDK(Douglas-Kroll)法は，過度の計算を行うことなしに簡便に相対論効果を取り込むことができる手法としてスタンダードな方法になりつつあります．Gaussianでは，ルートセクションでInt=RESCと指定すればRESC法，Int=DKH2と指定すれば2次のDK法による計算が可能です．GAMESS，Molpro，Molcasなど他の主要な量子化学プログラムパッケージにも実装され，多くのユーザーに使われるようになってきていますが，1つ注意が必要です．それは，非相対論的量子化学計算の枠組みで開発された基底関数，有効内殻ポテンシャルと併用すると誤った結果を与えることです．周期表の下に位置する重原子では，相対論効果を含めるか含めないかによって特に内殻の原子軌道に大きな違いが生じます．内殻の原子軌道が正しく表現されなければ，valenceの原子軌道も内殻軌道との直交性を満たす必要性から影響を受けることになるので，分子系の計算においても，非相対論の枠組みで開発された基底関数では，結合長や結合エネルギーを正しく評価することができません．逆に，上述の有効内殻ポテンシャルは非相対論的量子化学計算の手法を用いたときに相対論の効果を再現するように決められているので，RESC法やDK法などの相対論的手法と併用すると正しい解は得られません．相対論的手法を適用する場合には，C7で説明した関谷，野呂らによるSapporo基底など相対論的量子化学計算の枠組みで決めた基底関数系を用いる必要があります．

相対論の取り扱いを変えて計算したときのAu_2分子の結合距離を表1にまとめました．非相対論による計算では全く結合長が再現できていないことがよく分かります．また，構造のようにvalence軌道の寄与が大きく寄与するプロパティは，ECPによる簡単な取り扱いでも相対論の効果を十分に記述し，大幅に結果を改善することが分かります．

表1　B3LYP計算によるAu_2分子の結合長

相対論の精度	基底関数	結合長 [Å]
非相対論	古賀・館脇非相対論非縮約関数	2.804
ECP	LanL2DZ	2.574
RESC	Sapporo-DZP-2012	2.557
2次DK	Sapporo-DZP-2012	2.547
実験値		2.472

最後に，電子スピンとその電子の軌道角運動量の間の相互作用であるスピン - 軌道相互作用も相対論的量子力学から導かれるものです．Gaussianでは，CASSCF計算でSpinOrbitオプションを指定すると，スピン - 軌道カップリング定数を計算することが可能です．詳しくは，Gaussianのマニュアルなどを参照してください．

D7. ポテンシャル曲面を調べると何が分かるのですか？

ポテンシャル曲面

ポテンシャル曲面とは，分子の座標（デカルト座標あるいは結合長，結合角，二面体角からなる内部座標）の関数として定義される，分子構造の位置エネルギーを表す連続的な曲面であり，分子系の運動を支配するものです．量子化学計算では，分子軌道法または密度汎関数法の各種計算方法を指定して分子の座標を入力すると，アウトプットとしてその分子構造における電子波動関数（分子軌道法）あるいは電子密度（密度汎関数法）とともに，エネルギーが得られます．その物理的中身は電子エネルギーと核間 Coulomb 反発エネルギーの和であり，原子核の運動を固定して見積もられることから，断熱ポテンシャルエネルギーと呼ばれます．分子の座標を変えて求められた断熱ポテンシャルエネルギーを滑らかにつなげることにより，ポテンシャル曲面が得られます．

N 原子分子の内部自由度は $3N-6$ ですから，ポテンシャル曲面は互いに独立な $3N-6$ 個の内部座標の関数と見なすことができます．数学的には，$3N-6$ 個の座標に加えてポテンシャルエネルギーを独立な軸にとった $3N-5$ 次元の空間を考えると，ポテンシャル曲面は，その空間における $3N-6$ 次元の超曲面を形成しているとも言えます．2原子分子では独立な内部座標は2原子間の結合長のみであり，ポテンシャル曲面は，2次元空間における1次元の曲線です（直線分子では内部自由度は $3N-5$ になります）．非直線形の3原子分子では独立な内部座標が3つありますので，4次元空間における3次元の超曲面ということになり，非直線形の4原子分子では7次元空間における6次元の超曲面になります．

我々は3次元空間に存在しますので，実際にイメージして図示化できるのは1次元のポテンシャル曲線と2次元のポテンシャル曲面であり，3次元以上のポテンシャル超曲面の情報を得るためには，様々な切り口での2次元（あるいは1次元）断面図を調べることになります．反応経路（IRC）に沿った1次元のエネルギー曲線は，$3N-6$ 次元のポテンシャル超曲面から切り取られた1次元断面図です．反応経路に沿った各停留点のエネルギー差から，反応の活性化エネルギーや反応による発熱（吸熱）エネルギー，あるいは downhill のエネルギー曲線の場合には結合エネルギーなどが分かります．

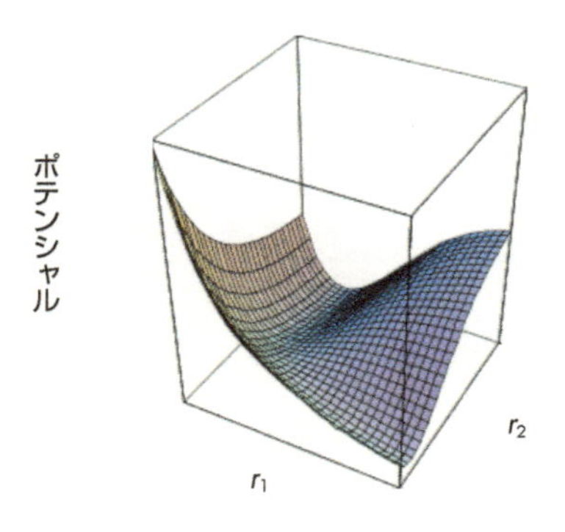

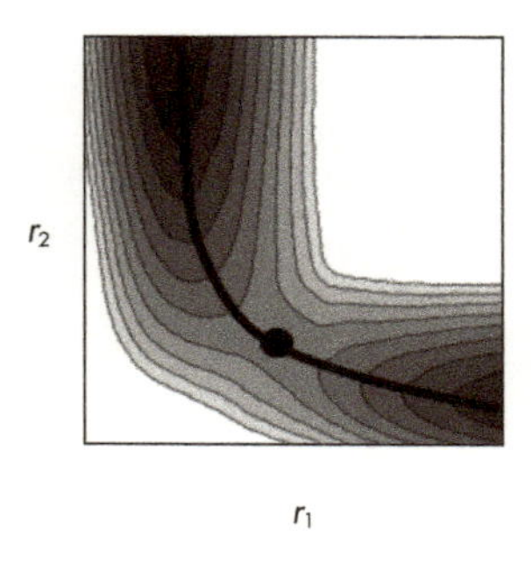

図1　AH + B → A + HB 衝突反応（共線系）に対するポテンシャル曲面図．3次元図（左）と2次元等高線図（右）．

2次元ポテンシャル曲面

2次元のポテンシャル曲面は3次元図または2次元の等高線図で表されます．例えば直線に沿って起こる衝突反応 AH + B → A + HB のポテンシャル曲面は A-H, H-B 原子間距離 r_1，r_2 の関数になりますが，3次元図および2次元等高線図はそれぞれ図1のように表されます．等高線図には，反応経路を太い実線で示し，遷移状態構造の位置を黒点で示しました．図から，反応経路上の点は経路に垂直な方向に関してエネルギー極小になっていることが分かります．

2原子分子と原子の直線上に沿った衝突反応 AB + C → A + BC は r_1，r_2 の2つの座標で記述することができ，2次元のポテンシャル曲面を作成することはそれほど困難ではないので，このタイプの反応に対しては動力学分野において精密な研究が行われています．化学反応の動力学的挙動はポテンシャル曲面に支配されますので，動力学シミュレーションを行わなくてもポテンシャル曲面の形状から動力学的情報を読み取ることができます．例えば，遷移状態の位置が反応物側に寄っているか生成物側に寄っているかによって反応後の振動・並進自由度間のエネルギー分布を予測することができますし，A-B-C が重原子 - 軽原子 - 重原子の組合せとなる場合には反応経路が遷移状態前後で大きく曲がり，遠心力効果やトンネル効果により反応経路からはずれた領域の重要性が増すことなどが知られています．

反応経路に対する質量効果の話が出てきたので補足しますが，ポテンシャル曲面自体は原子の質量に無関係なので遷移状態構造や平衡構造は同位体置換に関して不変です．しかし分子の運動には質量が関係しますので，零点振動エネルギーや反応経路に対しては同位体効果を考える必要があります．同位体置換した分子の振動計算を行う方法については，C4で既に解説しています．

マロンアルデヒドの分子内水素移動反応の例

図2にマロンアルデヒドの分子図と分子内水素移動反応に関するポテンシャル曲面の2次元等高線図を示します．この反応では，水素原子が移動するO–H…Oの部分がとくに反応に関与しますので，OH伸縮に相当する座標x(横軸)と2つのO原子の距離の増減を表す座標y(縦軸)の2つを参照座標にとり，他の自由度については最適化することによってポテンシャルエネルギーを求めています．

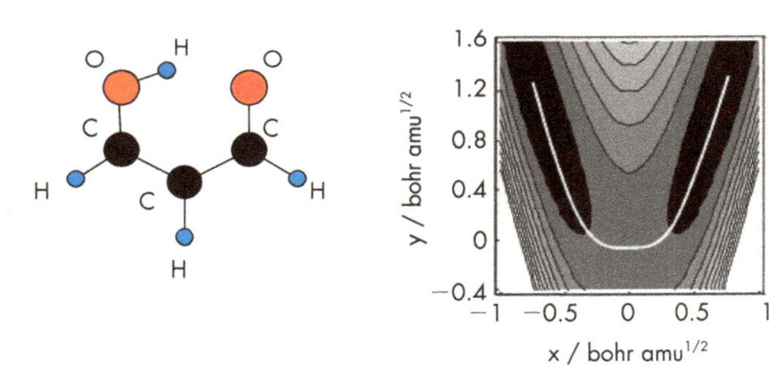

図2　マロンアルデヒドの構造と分子内水素移動反応のポテンシャル曲面等高線図

図2に白い線で反応経路を示していますが，反応はまずOOが近づき，H原子が移動した後にOOが離れるというように3つの段階を踏みますので，反応経路が遷移状態の前後で大きく曲がっています．反応経路の曲がりが大きいと経路に沿って運動する分子系には遠心力が働くので，遠心方向の振動モードが励起されることになります(反応エネルギーから振動エネルギーの転化)．

最後に分子振動のポテンシャル曲面を考えてみましょう．図3に示したのは，水分子の平衡構造近傍のポテンシャル等高線図であり，OH対称伸縮振動(Q_1)とOH逆対称伸縮振動(Q_3)の基準座標をそれぞれ横軸，縦軸にとっています．図3左はgrid上のすべて点で*ab initio*計算を行って求めたエネルギーに基づいており，正確なものです．一方，右の図では平衡点(0, 0)でエネルギーの座標に関する2, 3, 4次微分を求め，4次のTaylor展開(Quartic Force Fieldと言います)で近似した多項式に基づいて描いたものです．

分子振動の調和振動数はポテンシャルエネルギーの2次微分から計算することができ，その場合ポテンシャル曲面の等高線は楕円を描きます．非直線N原子分子では$3N-6$の自由度があるので，調和近似のもとではポテンシャル曲面の等値面は$3N-6$

次元の超楕円体を形成します．しかし実際は3次以上の非調和項の影響で楕円形からは外れることになります．図3右は4次までの非調和項を考慮していますが，周辺において正確な等高線図との一致はよくありません．水分子のOH対称伸縮，逆対称伸縮はもともと等価なOH結合が同位相，逆位相で結びついた振動様式ですから，等高線図において$Q_1 = Q_3$を満たす軸と$Q_1 = -Q_3$を満たす軸はそれぞれ2つのOH結合を別々に伸縮させる方向に対応します（ローカルモードの描像）．水分子の2つのOH結合はカップリングが強く，とくに振動励起状態を扱う場合には基準座標ではなくローカルモードに基づく解析が有効になることが知られています．

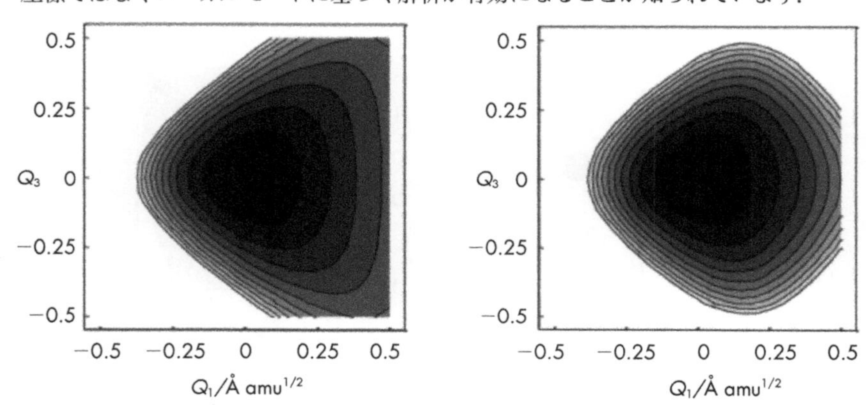

図3 水分子のOH対称・逆対称伸縮振動の基準座標でみたポテンシャル曲面等高線図

D8. Gaussian ユーティリティの使い方について教えてください

Gaussian がインストールされているディレクトリの下にはたくさんのサブプログラム群があります．C4で利用した freqchk も，この中に含まれています．これらは，Gaussian のチェックポイントファイルを利用して簡単な計算やデータの出力などを行うもので，ユーティリティプログラムと呼ばれています．よく利用されるユーティリティプログラムの種類と機能について簡単にまとめてみました．

・**formchk**：チェックポイントファイルをテキスト化して .fchk ファイルを作成．
(例)H2O.chk からフォーマット済みチェックポイントファイル（H2O.fchk）を作成する．

```
$ formchk H2O.chk H2O.fchk
```

・**unfchk**：.fchk ファイルをバイナリ化してチェックポイントファイル .chk を作成．
(例)H2O.fchk からチェックポイントファイル（H2O.chk）を作成する．

```
$ unfchk H2O.fchk H2O.chk
```

・**newzmat**：構造を異なるフォーマットで取り出す．-i に続けて入力形式，-o に続けて出力形式を明示し，変換したいファイル名から拡張子を除いて指定する．
(例)H2O.chk から Protein Data Bank（PDB）形式の構造データ（H2O.pdb）を取り出す．

```
$ newzmat -ichk -opdb H2O
```

・**freqchk**：異なる温度や圧力での熱力学的性質および同位体置換分子種の振動数を求める（C4参照）．
・**cubegen**：GaussView などで MO や電子密度などを描画する際に用いられる .cube ファイルを .fchk ファイルから作成．
(例)H2O.fchk から HOMO の MO に対する cube ファイル H2O_HOMO.cube を作成する．

```
$ cubegen 1 MO=Homo H2O.fchk H2O_HOMO.cube
```

密度の場合は MO=Homo の代わりに Density=SCF などを指定．詳細はマニュアル参照．

・**chkchk**：ルートセクションやタイトルセクション，内容の調査．

チェックポイントファイルはバイナリ形式であるためマシン依存性があります．他のマシンでチェックポイントファイルを利用したい場合には formchk で ASCII 形式に変換します．逆に ASCII 形式からバイナリ形式へは unfchk を用いて変換します．また，非常に大きいチェックポイントファイルに対して，上記の操作を行う場合，(IEnd= ?????????? MxCore= ??????????) 等のエラーが出る場合があります．これはメモリ要求量 (IEND) がメモリ最大使用量 (MxCore) を超えているために起きています．Linux や UNIX の場合，C シェルでは環境変数 "setenv GAUSS_MEMDEF メモリサイズ (ワード単位)" をメモリ要求量より大きく設定することにより回避できます．

その他のユーティリティプログラムも，以下簡単に紹介します．

・**c8609**：古いバージョンのチェックポイントファイルを現在のバージョンに変換
・**cubman**：cube ファイルの内容の操作
・**freqmem**：振動計算を効率良く計算するのに必要なメモリ量を計算
・**gauopt**：あらゆるパラメータの最適化
・**ghelp**：Iop(n/m) の情報の取得
・**mm**：独立して動作する MM プログラム (Gaussian のインプットの読み書き)
・**testrt**：Route を指定することで，オプションフラグの情報を出力

E 目的別対処法

E1. IR やラマンのデータと計算結果を比較したいのですが

IR やラマン分光法により分子振動スペクトルが得られますが，ここでは実験のスペクトルと計算を比較する際に気をつけるべき点について述べます．まず用語を整理します：

基本振動数：実験で得られるスペクトルのうち，振動量子数 $v = 0 \rightarrow 1$ の状態間の遷移に相当する振動数．

調和振動数：分子ポテンシャルを2次形式に近似（調和近似）して得られる振動数．理論計算で得られる他，実験から逆算できます．

非調和性　：両者の差，つまり正確な解と調和近似の差を指します．一般的には調和ポテンシャルとモース型ポテンシャルの差として多くの物理化学の教科書で扱われています（図1）．

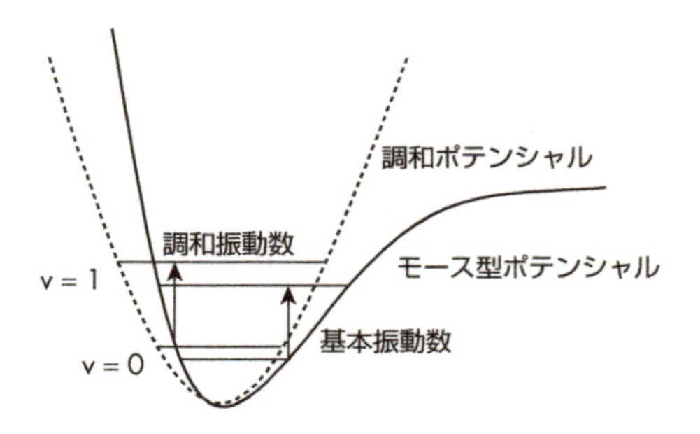

図1　調和近似と非調和性のイメージ図

さて，ここで重要なのはこれまで紹介してきた量子化学計算（B8,C4）では調和振動数を計算していることです．したがって，仮に最も高度な量子化学計算法を用いても，調和近似のエラーをそのまま引きずるためスペクトルのピーク位置と定量的には一致しません．表1に様々な計算方法で得られた水分子の調和振動数を挙げます．実験で得られる調和振動数と計算値はよく対応しますが，スペクトルのピークそのものである基本振動数（表2）とは対応しません．一般的に調和近似による誤差は3～5% 程度であると言われています．

調和近似のもたらす誤差は多くの場合，モードによらずほぼ一定になることが多いので，調和近似に対する補正としてスケーリング因子がよく用いられます．例えば，HF/6-31G(d)では0.8929のように，方法論によって推奨される値があります [2]．これらは経験的な因子で，とくに深い物理的意味があるわけではありません．ただ，便利なのでよく使われています．

表1　水分子の調和振動数 (cm^{-1})[1]

方法	/ 基底	ω_1	ω_2	ω_3
MP2	/ cc-pVDZ	3852	1678	3971
	/ cc-pVTZ	3855	1651	3976
	/ cc-pVQZ	3855	1643	3978
	/ cc-pV5Z	3849	1636	3974
CCSD(T)	/ cc-pVDZ	3822	1690	3928
	/ cc-pVTZ	3841	1669	3946
	/ cc-pVQZ	3845	1659	3952
実験（調和振動数）		3832	1649	3943

実験のスペクトルと直接比較できる基本振動数を計算で得るには非調和性を考慮する必要があります．具体的には，調和近似では打ち切られているポテンシャルの3次以上の項を取り入れる必要があります．Gaussian09には，摂動論により3次と4次の非調和性を取り込むVPT2法が用意されています．Freq＝Anharmonicとするだけで，調和振動数に加え，非調和振動数が計算されます．図2に水分子の例を示します．このインプットはまず構造最適化を行い，次に振動計算を行うマルチジョブです．NoRamanは省略可能ですが計算負荷を軽減するために加えています．図3に基本振動数と強度，およびそれに続く倍音（$v = 0 \rightarrow 2$の遷移），結合音（2つのモードが$v = 1$へ遷移）の振動数と強度の出力を抜き出しています．倍音，結合音に調和の強度が出力されていないのは，調和近似では倍音・結合音は禁制遷移で，強度がゼロになるからです．この他，出力には様々な振動平均量（構造，回転定数，NMRカップリング定数など）が出力されています．調和近似では，波動関数が平衡点を中心に対称になっているため，振動平均を取っても，ほぼ平衡点での値になってしまいます．非調和性を考慮することで，平衡点からの有意なズレを得ることができます．

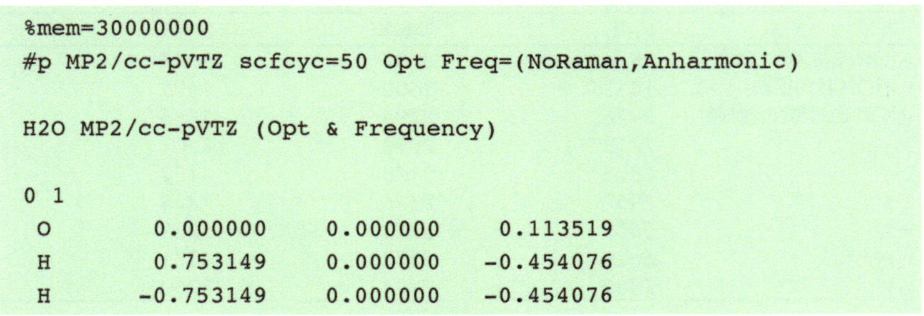

```
%mem=30000000
#p MP2/cc-pVTZ scfcyc=50 Opt Freq=(NoRaman,Anharmonic)

H2O MP2/cc-pVTZ (Opt & Frequency)

0 1
 O       0.000000    0.000000    0.113519
 H       0.753149    0.000000   -0.454076
 H      -0.753149    0.000000   -0.454076
```

図2　非調和振動数計算のインプット

```
                       振動数                    赤外強度
                      ↓調和   ↓非調和           ↓調和               ↓非調和
Fundamental Bands (基音)
 ------------------
     Mode(Quanta)        E(harm)   E(anharm)     I(harm)          I(anharm)
       1(1)              3976.077   3794.497   54.90964635      50.57811437
       2(1)              3856.418   3686.682    5.73880978       4.17612486
       3(1)              1652.757   1602.495   64.37929000      65.44339115

 Overtones (倍音)
 ---------
     Mode(Quanta)        E(harm)   E(anharm)                     I(anharm)
       1(2)              7952.155   7495.908                     0.01037795
       2(2)              7712.836   7290.392                     0.42105112
       3(2)              3305.514   3172.856                     0.71414442

 Combination Bands (結合音)
 -----------------
     Mode(Quanta)        E(harm)   E(anharm)                     I(anharm)
       2(1)     1(1)     7832.495   7324.049                     2.38986663
       3(1)     1(1)     5628.835   5377.135                     3.66224954
       3(1)     2(1)     5509.175   5272.783                     0.12166056
```

図3　非調和振動計算のアウトプット

表2に得られた振動数をまとめています．非調和振動計算は調和振動計算と比べると大きく改善されていることが一目瞭然です．特に，OH伸縮振動の倍音・結合音は，調和近似では実験値からの誤差が数百 cm^{-1} になります．一方，VPT2計算では誤差が 100 cm^{-1} 以内です．

表2　水分子の振動数 (cm^{-1})．電子状態計算のレベルには MP2/cc-pVTZ を使用

	調和	非調和	実験
ν_1(OH 対称伸縮振動)	3856	3687	3657
ν_2(HOH 変角振動)	1653	1602	1595
ν_3(OH 逆対称伸縮振動)	3976	3794	3756
$2\nu_1$	7713	7290	7201
$2\nu_2$	3306	3173	3152
$2\nu_3$	7952	7496	7445
$\nu_1\nu_2$	5509	5273	5235
$\nu_2\nu_3$	5629	5377	5331
$\nu_1\nu_3$	7832	7324	7250

非調和振動計算は，調和振動計算と比べ，計算負荷が非常に大きくなり，およそ

$6N$ 倍（N は原子数）の計算時間が必要となります．それを考えると，スケーリング因子は確かに便利で，スペクトルの全体的な様子を比較するといった定性的な知見を得るにはとても有用です．筆者の知る限りクラスター系，とくに水素結合を持つ系では特異的に大きい非調和性を示す場合がありますが，調和近似が大きく破綻することはあまりありません．一方，さらに進んで，分子振動の動的な側面を探ったり，より定量的な議論へ発展したりするには，分子の非調和性に対する正確な理解が不可欠です．現在，新しい効率的なアルゴリズムが次々と提案され，理論の適用範囲を広げる開発が着実に進行しています [3]．GAMESS に実装されている VSCF 法もその 1 つで，G 章に計算方法が紹介されています．また同時に実験技術も飛躍的に向上しています．

[1] F. Jensen, Introduction to Computational Chemistry, 2nd ed. (Wiley, 2007), p. 359.
[2] J.B. Foresman, Æ. Frisch, 電子構造論による化学の探求 第二版（ガウシアン社，1998），p.64.
[3] 八木清，分光研究 , **61**, 163 (2012).

E2. 分子間の相互作用エネルギーを求めたいのですが

相互作用エネルギーと基底関数重ね合わせ誤差

2つの分子 A，B が相互作用し会合体 AB を生成する場合，分子 A と B の間の相互作用エネルギー E_{int}(interaction energy，結合エネルギーとも言う）は次式で表されます．

$$E_{\text{int}} = E[\text{AB}] - (E[\text{A}] + E[\text{B}]) \tag{1}$$

右辺はそれぞれ，会合体 AB，分子 A，分子 B のエネルギーなので，これらを量子化学計算で求めれば，相互作用エネルギーを計算することができます．しかし，原子に局在した基底関数（原子軌道）を用いてこれら3つのエネルギーを別々に計算すると，次に示すような問題が生じます．

まず，$E[\text{A}]$ の計算は，分子 A の基底関数を用いて実行されます．使用した基底関数を上付で明示し，このようにして得たエネルギーを $E^{\text{A}}[\text{A}]$ としましょう．分子 B も同様で，$E^{\text{B}}[\text{B}]$ が得られます．会合体 AB の計算は，分子 A と分子 B の両方の基底関数を用いて実行され，エネルギー $E^{\text{AB}}[\text{AB}]$ が得られます．しかしこのとき，分子 A の分子軌道は，分子 A の基底関数だけでなく，分子 B の基底関数も用いて展開されることになり，記述が意図せずに改善（エネルギーが安定化）してしまいます．したがって，$E^{\text{A}}[\text{A}]$ と $E^{\text{B}}[\text{B}]$，$E^{\text{AB}}[\text{AB}]$ を用いて相互作用エネルギーを計算すると，結合エネルギーが実際以上に安定化されてしまいます．このような理由で生じる誤差を，基底関数重ね合わせ誤差（Basis Set Superposition Error: BSSE）と呼んでおり，用いる基底系が小さいほど大きな誤差を伴います．

$E[\text{A}]$ を計算するときに，分子 A の基底関数だけでなく分子 B の基底関数も用いれば，この誤差を補正することができます．つまり，$E^{\text{AB}}[\text{A}]$ と $E^{\text{AB}}[\text{B}]$ を求め，これらと $E^{\text{AB}}[\text{AB}]$ を使って相互作用エネルギーを求める，ということです．この補正法を counterpoise 補正といいます．この補正は簡便で，分子間相互作用を考える際に頻繁に用いられているのですが，特に MP2 など電子相関を含む計算法では過剰に補正しすぎる傾向があるので，注意が必要です．

Gaussian で，水分子二量体の相互作用エネルギーを counterpoise 補正を用いて求める例を，図1に示します．ルートセクションに "Counterpoise=2" とキーワードを指定します．数字の2は，2分子間の相互作用を求めることを意味しています．分子は単量体ごとにフラグメントといわれる単位に分けます．各原子には，元素記号のあとに "(Fragment＝n)" のように指定して，その原子が属するフラグメントを割り当てます．電荷と多重度は，全体（二量体）に対するものだけでなく，各フラグメントに対しても指定を行います．counterpoise 計算のアウトプットは，図2のようになります．エネルギー値は，ここでも Hartree 単位で表されています．相互作用エネルギーは，"complexation energy" のところに書かれており，"(raw)" が E^{A}[A] と E^{B}[B] を用いた計算値，"(corrected)" が E^{AB}[A] と E^{AB}[B] を用いた計算値です．

```
#P B3LYP/cc-pVDZ Counterpoise=2

Water dimer Counterpoise

0 1  0 1  0 1          電荷と多重度を，全体，Fragment 1，Fragment 2の順で
O(Fragment=1) -0.0658  0.       0.0018        原子ごとにFragmentを指定
H(Fragment=1)  0.5105  0.7609 -0.1711
H(Fragment=1)  0.5105 -0.7609 -0.1711
O(Fragment=2)  0.0468  0.       2.8812
H(Fragment=2) -0.8623  0.       3.2140
H(Fragment=2) -0.0796  0.       1.9131
```

図1　Counterpoise 法による水分子二量体の相互作用エネルギー計算のインプット

```
 Counterpoise corrected energy =    -152.847999384378
                   BSSE energy =       0.006444297046
               sum of monomers =    -152.841186917306
           complexation energy =      -8.32 kcal/mole (raw)
           complexation energy =      -4.27 kcal/mole (corrected)
```

図2　Counterpoise 法による水分子二量体の相互作用エネルギー計算のアウトプット

一点注意ですが，ここで求められている "complexation energy" は，会合体の構造を利用して求められたものであり，会合体の形成に伴う構造変化による単量体の不安定化が考慮されていません．したがって，「会合体の解離に必要なエネルギー」とは対応していません．これを求めるには，以下のようなステップを踏む必要があります．

1. Counterpoise キーワードと Opt キーワードを組み合わせ，counterpoise 補正したエネルギー ("Counterpoise corrected energy") を用いて構造最適化計算を行う．
2. 各フラグメントの構造最適化を行う（キーワードは Opt のみでよい）．
3. 1で得た最適構造の "Counterpoise corrected energy" から，2で得た各フラグメントの最適構造のエネルギーを引いたものが，会合体の解離に必要なエネルギーになる．

詳細は文献 [1] を参照してください．Counterpoise キーワードは，1にある Opt 以外にも Freq や Scan などのキーワードと併用可能で，counterpoise 補正済エネルギーによる構造最適化，振動数計算などが可能です．

また，GAMESS には相互作用エネルギーを様々な成分に分けて解析を行う方法が実装されています．こちらについてはG章を参照してください．

[1] 原田義也，量子化学　下巻（裳華房，2007），pp. 233-236.

E3. 安定構造や遷移状態を系統的に探索する方法を教えてください

系統探索の難しさ

分子の安定構造や遷移状態の構造は，ポテンシャルエネルギー曲面（以下，ポテンシャル曲面）を調べることにより決定できます．ポテンシャル曲面は，分子構造を変数とするエネルギー値の関数で，ポテンシャル曲面上のエネルギー極小点は安定構造に，一次鞍点は遷移状態に対応します．一次鞍点は関数の一次微分が全ての方向についてゼロで，二次微分行列の固有値の1つだけが負，他全てが正，という条件を満たす点です．これらの条件を満たす点を決める作業を構造最適化と呼びます．

一般に，構造最適化では，見つけたい安定構造や遷移状態の初期構造が必要となります．これは，多変数関数であるポテンシャル曲面を自動的に調べつくすことが困難だからです．例えば，N 個の原子から構成される系では，各原子それぞれが，xyz，3つの座標変数を持つため，合計 $3N$ 個の変数が存在します．系全体の xyz 軸方向への並進と xyz 軸周りの回転はエネルギー値に寄与しないため，実際にはこれら6つを除いた $3N-6$ 変数を取り扱うことになります．変数ごとに10点考慮した格子点法でしらみつぶし探索を行うと，N 原子 $3N-6$ 変数の系では構造最適化計算を 10^{3N-6} 回も行わなければなりません．つまり，5原子9変数だと 10^9 回，10原子24変数だと 10^{24} 回，というように，原子数に依存して計算回数が爆発的に増大してしまいます．一方，あらかじめ良い初期構造を予想できれば，1回ないし数回程度の構造最適化計算によって必要な構造を得ることができます．しかし実際にはうまくいかないことも多く，必要な構造が求まらず何か月も試行錯誤を重ねる，といったこともしばしばあります．結果が計算者の経験や直感力に依存したり，思いつかなければ重要な遷移状態を見落としてしまったり，といった深刻な問題も生じます．このため，予想なしに，自動的に必要な構造を探索できる手法が求められてきました．

この問題を緩和するために様々な方法が開発されてきました．特に非調和下方歪み追跡法と呼ばれる手法は，同手法の提案者である大野，前田らが開発してきたGRRMというプログラムを用いて実行することができます [1]．同手法は，安定構造から異性化または分解へ向かう経路をポテンシャル曲面の非調和下方歪みを追跡することで効率よく探索します．また，GRRMのversion 14以降では，前田，諸熊が開発した人工力誘起反応法と呼ばれる手法も利用することができるようになります．

人工力誘起反応法は，2つ以上の反応物に人工力を付加し，これらが収束的に反応する際の反応経路を効率よく探索できます．

以下では非調和下方歪み追跡法を用いた構造探索について概説します．ただし，GRRMは構造探索用プログラムであり，電子状態計算を行うGaussianやGAMESSなどが別途必要となります．以下の例では，Gaussian09（G09）と組み合わせています．

小分子のポテンシャル曲面の全面探索

CH_2O_2と表される化学組成について，すべての安定構造とそれらの異性化および分解反応の遷移状態を自動探索するときのGRRM14のインプットは次のようになります．

```
# GRRM/B3LYP/6-31G

0 1
C   0.0   0.0   0.0   1
H   0.0   0.0   0.0   2
H   0.0   0.0   0.0   3
O   0.0   0.0   0.0   4
O   0.0   0.0   0.0   5
Options
NRUN=8
```

1行目のGRRMはGlobal Reaction Route Mappingを実行するキーワードです．G09のインプット生成用の計算レベル（この場合はB3LYP/6-31G）が続いて指定されます．空行をはさんで電荷とスピンの指定があり，その下に初期構造を入力します．全面探索の場合には初期構造は必要ないため，この例ではすべての原子が原点に配置されています．実際には，原子の座標はランダムに与えられ，ランダム構造から探索がスタートします．各原子の*xyz*座標の右側の数字は原子または分子の位置と配向をランダム生成する際のパート指定というオプションです．この例では全ての原子に異なる番号が振られていますので，各原子が1つのパートと見なされ，全原子がランダムにばらまかれます（パート指定の詳細については次の水クラスターの場合を参照してください）．また，NRUNオプションによって，いくつのランダム構造からスタートするかを指定します．この場合，8つのランダム構造が探索の出発点となります．

GRRMプログラムでは多くのファイルが生成します．その中で特に重要なのがlistファイルです．EQ_list.logには安定構造のデカルト座標やエネルギー値が格納されます．EQ_list.logの中身の一部を以下に示します．

```
List of Equilibrium Structures
```

```
# Geometry of EQ 0, SYMMETRY = Cs
C         -0.158075219598          0.348728765838          -0.484167585824
H         -0.793235624930         -1.485773213620          -0.237635766597
H         -0.447324479352          1.223205584145          -1.069279830861
O          0.790635118926          0.285277065392           0.290735279215
O         -1.026252100496         -0.679079989879          -0.750443953593
Energy    = -189.686348687771
Spin(**2) =     0.000000000000
ZPVE      =     0.033270746230
Normal mode eigenvalues : nmode = 9
  0.013838463   0.017774820   0.041501030   0.043854062   0.063809341
  0.075647742   0.114141853   0.376818624   0.486601320
```

TS_list.logには遷移状態のデカルト座標やエネルギー値に加えて，各遷移状態がどの安定構造とどの安定構造をつなぐ遷移状態なのかを示すCONNECTIONの情報も示されます．TS_list.logの中身の一部を以下に示します．

```
# Geometry of TS 6, SYMMETRY = Cs
（中略）
CONNECTION : 4 - 0

# Geometry of TS 7, SYMMETRY = C1
（中略）
CONNECTION : 0 — DC
```

CONNECTIONの情報から，このTS 6がEQ 0とEQ 4をつなぐ反応経路の遷移状態であること，TS 7はEQ 0とDC（解離チャンネル）をつなぐ経路の遷移状態であることが分かります．対応するDCが何であるかは，TS7.logを参照することで知ることができます．TS*n*.logにはTS*n*からスタートするIRC計算の結果が格納されていて，EQ同士をつなぐTSの場合，その終点は対応するCONNECTIONのEQと一致します．一方，CONNECTIONの片方または両方がDCである場合，IRCの終点における分子構造からDCが何であるかを判別する必要があります．また，TSによってはCONNECTIONの片方または両方が ?? となることがあります．これは，IRC計算の結果行き着いた構造が安定構造でない場合，または，IRCの終点で安定構造の構造最適化がうまくいかなかった場合に相当します．その場合は，IRC計算の終点の構造を詳しく調べてみる必要があります．

この計算で得られた情報をもとにしてグローバル反応経路地図を描くと図1のようになります（上記の数値データをもとにして作図したものであり，図が自動生成するわけではありません）．

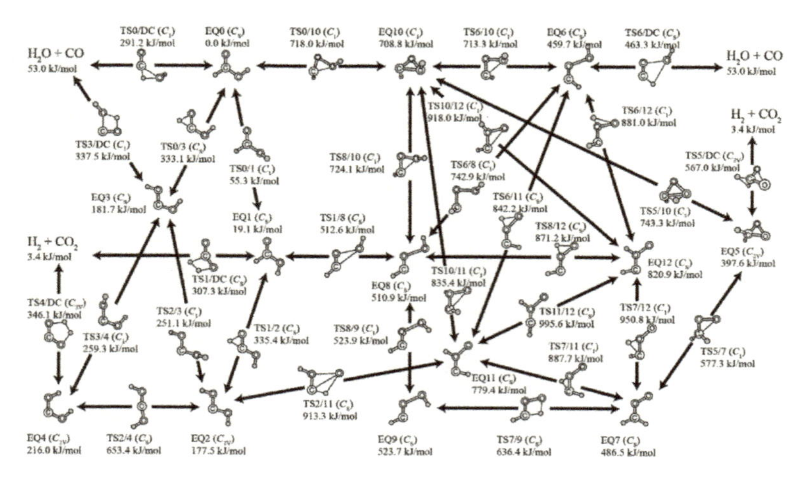

図1　GRRM プログラムで得た CH_2O_2 のグローバル反応経路地図 [2]

原子・分子クラスターの安定構造の探索

GRRM を用いれば，上記の例のように，エネルギーの非常に高い部分も含めて系統的に構造探索を行うことができます．しかし，目的によってはエネルギーが非常に高い構造は不要であることがあります．そこで，水クラスターを例に，エネルギーの低い安定構造のみを効率よく探索するオプションについて紹介します．

水 8 量体の安定構造探索のインプットを以下に示します．

```
# GRRM/RHF/6-31G

0 1
O        -0.000000000000        0.010468354749        0.754819362610   1
H         0.000000000000        0.771670165130        1.319188188547   1
H        -0.000000000000       -0.747077150089        1.324086214974   1
(中略)
O        -0.000000000000        0.010468354749        0.754819362610   8
H         0.000000000000        0.771670165130        1.319188188547   8
H        -0.000000000000       -0.747077150089        1.324086214974   8
Options
LADD=5
EQOnly
NRUN=24
NLowest=24
Temperature=500.0
```

```
UpDC=12
DownDC=12
```

1行目のGRRMはGlobal Reaction Route Mappingを実行するキーワードですが，Optionsセクションにある LADDオプションおよびEQOnlyオプションが指定された場合には低エネルギー領域の安定構造探索を実行します．G09での計算方法はRHF/6-31Gに設定されています．空行をはさんで電荷とスピンの指定があり，その下に初期構造を入力します．この計算では，水分子の凝集構造を探索するため，水8分子の初期構造を入力します．計算がスタートすると水分子はランダムに配置されますので，入力では全て同じ位置に同じ向きで置いています（異なる位置や配向になっていても問題ありません）．各原子のデカルト座標の右側の数字は分子のパート指定です．この場合，各水分子が各パートになっています．各パートの重心位置と配向がランダムに決定され，初期構造が生成します．NRUNオプションはいくつのランダム構造からスタートするかを指定していて，ここでは24個が探索の出発点となります．

LADDの値が少ないほど計算時間も見つかる安定構造の数も減少します．これは，各安定構造から出発する反応経路の内で非調和下方歪みが大きい方からLADD番目までの経路のみを探索するためです．非調和下方歪みの大きさは反応障壁の高さと相関を持つことが知られているため，近似的には，各安定構造から出発する反応経路の内で障壁が低い方からLADD番目までの経路のみを探索していると考えることができます．LADDの値の取り方によって結果が変化するため，適用を行う系ごとにある程度テスト計算を行って用いるLADDの値を決定することが推奨されます．

GRRMではエネルギーが低い安定構造の周囲の探索を優先するようになっています．NLowestオプションが指定された場合，見つかっているものの中で低い方からNLowest個の安定構造の周囲を探索した時点で探索を中止します．この際，エネルギーとして電子エネルギーのみでなく，有限温度での自由エネルギーを計算し，自由エネルギー的に低い方からNLowest個が選ばれます．Temperature＝500と指定した場合，0 K, 50 K, 100 K,…, 500 Kの11種類の温度での自由エネルギーを計算し，各温度で低い方からNLowest個の周囲が探索されます．

UpDCとDownDCは，分子同士がどの程度離れた場合に分解したと見なすかの基準を変更するオプションです．デフォルトでは化学結合が基準になっていて，水素結合やそれより弱いvan der Waals結合は結合とは見なされません．そのため，水素結合クラスターは全て分解物と見なされ，EQ_list.logには含まれなくなるので，水素結合系を扱う場合にはこれらを12程度に設定します．Arクラスターなど，分散力のみで凝集している系を扱う場合は15程度とすることが推奨されています．さらに詳しい議論はマニュアルをご参照ください.

EQOnly が指定された場合，安定構造のみが探索の対象となり TS_list.log の中身は空になります．この計算を実行すると，数百個の安定構造が EQ_list.log に得られます.

自動探索の適用と今後の発展

これまで非調和下方歪み追跡法の応用は気相反応が中心で，有機化学や生化学の重要な反応に直接応用された例は多くありません．そのような計算を行うときには，分子の適切なモデル化や計算負荷の小さなエネルギー計算法の活用など，様々な工夫が必要となりますので，これまでの応用研究を参考にし，適用範囲や適用方法を適切に選択することが望まれます.

一方，有機反応などへの適用性を大幅に改善する新しい方法論の開発が急がれており，GRRM の version 14から利用できるようになる（多成分）人工力誘起反応（MC-AFIR）法は，その1つと言えます．MC-AFIR 法は，非調和下方歪み追跡法が苦手とする複数の分子が収束的に反応するタイプの反応経路を自動探索できます．分子内反応についても，人工力項の付加の仕方を工夫することで，系統的な経路探索が行えます（これを自動化するには自作プログラムが必要です).

さらに，MC-AFIR 法を分子内反応へと一般化した単成分人工力誘起反応（SC-AFIR）法は，有機反応のみならず様々な実在系の反応経路自動探索へ向けて開発が進められています（SC-AFIR 法は version 14では利用できません)．非調和下方歪み追跡法や人工力誘起反応法を京コンピュータなどの高度計算機で運用する試みも進んでいます．今後，これら反応経路自動探索法は化学研究の重要なツールの1つへと発展すると期待されます.

[1] http://iqce.jp/

[2] K. Ohno, S. Maeda, *J. Phys. Chem. A*, **110**, 8933-8941 (2006).

E4. 光物性を計算してみたいのですが

光物性といってもその対象は広範です．本項目では，光物性として，分子の分極率および超分極率の計算について考えてみましょう．項目 B10で双極子モーメントの計算について説明しましたが，そこでは分子エネルギーの電場によるベキ級数展開式の一次の項から双極子モーメントが定義されることを述べました．ここで再度，その展開式を書き下してみます．

$$E(\mathbf{F}) = E(\mathbf{0}) - \sum_{i}^{xyz} \mu_i^0 F_i - \frac{1}{2}\sum_{i,j,k}^{xyz} \alpha_{ij} F_i F_j - \frac{1}{6}\sum_{i,j,k}^{xyz} \beta_{ijk} F_i F_j F_k - \frac{1}{24}\sum_{i,j,k,l}^{xyz} \gamma_{ijkl} F_i F_j F_k F_l \cdots \quad (1)$$

ここで $\mathbf{F} = (F_x, F_y, F_z)$ は系にかけられた電場であり，μ_i^0, α_{ij}, β_{ijk}, γ_{ijkl} はそれぞれ双極子モーメント，分極率，第一超分極率，第二超分極率に対応します．(1) 式をさらに電場で微分して -1をかけると，

$$\mu_i(\mathbf{F}) = \mu_i^0 + \sum_{j}^{xyz} \alpha_{ij} F_j + \frac{1}{2}\sum_{j,k}^{xyz} \beta_{ijk} F_j F_k + \frac{1}{6}\sum_{j,k,l}^{xyz} \gamma_{ijkl} F_j F_k F_l \cdots \quad (2)$$

のように表すことができますから，分極率，超分極率はエネルギーまたは双極子モーメントの微分により計算できることが分かります．Gaussian では，これら分極率，超分極率を双極子モーメントを電場に関して解析的に微分することによって見積もる時間依存 Hartree-Fock(TDHF) 法のオプションが実装されています．以下，水分子に対する入力例を示します．

```
#p HF/6-311++G(2d,p) Polar CPHF=RdFreq

Hyperpolarizability calculation for H2O by RHF/6-311++G(2d,p)

0 1
O   0.0   0.0  -0.1101598688
H   0.0   0.7541733826   0.4550799344
H   0.0  -0.7541733826   0.4550799344

0.0428
```

"Polar" キーワードが分極率計算の指定です．"CPHF=RdFreq" とすることにより，周波数をインプットファイルの付加情報で指定することができます．上の例では，

エネルギー0.0428 hartree(波長1064 nm: Nd:YAGレーザー)の光に対する周波数依存分極率を求めます．分極率の計算には，一般に十分に大きな基底関数が必要とされており，また精度が落ちないよう，SCF条件や分子積分の設定を厳しくする必要があります(D4参照)．計算がうまくいくと，outputの最下部に以下の出力が現れます．

```
Electric dipole moment (input orientation):
(Debye = 10**-18 statcoulomb cm , SI units = C m)
                 (au)            (Debye)          (10**-30 SI)
  Tot        0.832694D+00      0.211650D+01      0.705988D+01
  x          0.000000D+00      0.000000D+00      0.000000D+00
  y          0.000000D+00      0.000000D+00      0.000000D+00
  z          0.832694D+00      0.211650D+01      0.705988D+01

Dipole polarizability, Alpha (input orientation).
 (esu units = cm**3 , SI units = C**2 m**2 J**-1)
 Alpha(0;0):                                                  静的分極率
                (au)            (10**-24 esu)      (10**-40 SI)
   iso        0.652186D+01      0.966440D+00      0.107531D+01  等方的分極率
   aniso      0.159481D+01      0.236327D+00      0.262949D+00  分極率異方性
   xx         0.587561D+01      0.870676D+00      0.968758D+00
   yx         0.000000D+00      0.000000D+00      0.000000D+00
   yy         0.757614D+01      0.112267D+01      0.124914D+01
   zx         0.000000D+00      0.000000D+00      0.000000D+00
   zy         0.000000D+00      0.000000D+00      0.000000D+00
   zz         0.611383D+01      0.905977D+00      0.100803D+01
 Alpha(-w;w) w= 1064.6nm:                                     周波数依存分極率
                   (au)         (10**-24 esu)      (10**-40 SI)
   iso        0.655484D+01      0.971327D+00      0.108075D+01
(中略)
 First dipole hyperpolarizability, Beta (input orientation).
 ||, _|_  parallel and perpendicular components, (z) with respect to z axis,
 vector components x,y,z.  Values do not include the 1/n! factor of 1/2.
 (esu units = statvolt**-1 cm**4 , SI units = C**3 m**3 J**-2)
 Beta(0;0,0):                                                 静的第一超分極率
                (au)            (10**-30 esu)      (10**-50 SI)
   || (z)     0.112376D+02      0.970842D-01      0.360318D-01   z軸平行
   _|_(z)     0.374587D+01      0.323614D-01      0.120106D-01   z軸垂直
   x          0.000000D+00      0.000000D+00      0.000000D+00   x軸平均
   y          0.000000D+00      0.000000D+00      0.000000D+00   y軸平均
   z          0.561881D+02      0.485421D+00      0.180159D+00   z軸平均
   ||         0.112376D+02      0.970842D-01      0.360318D-01
   xxx        0.000000D+00      0.000000D+00      0.000000D+00
```

```
(中略)
Beta(-w;w,0) w= 1064.6nm:                  周波数依存第一超分極率(ポッケルス効果)
                    (au)            (10**-30 esu)         (10**-50 SI)
   || (z)     0.114561D+02       0.989714D-01        0.367322D-01
(以下略)
```

まず静的な分極率と超分極率が出力された後に，指定した周波数の光に対する周波数依存分極率が表示されます．続いて第一超分極率も同様に表示されます．ここでは，ポッケルス効果(電場の印加により屈折率が変化する現象)に対応する超分極率が表示されていますが，Polar＝dcSHG を指定することにより第二高調波発生に対応する超分極率も計算できます．他にも，Polar＝Gamma とすれば第二超分極率が，Polar＝OptRot とすれば旋光度の計算が可能です．

E5. NMRの化学シフトを計算したいのですが

有機化合物の同定で最もよく使われる手法に ^{1}H NMR，^{13}C NMRがありますが，Gaussianではnmrキーワードを利用することで，ゲージ不変原子軌道（GIAO）法を用いた磁気遮蔽テンソルの算出が可能です．以下，エチレン分子に対する入力例を示します．

```
%Chk=NMR_C2H4
#P PBE1PBE/aug-cc-pVTZ Opt

C2H4 optimize

0 1
C1
C2 C1  1.35
H1 C1  1.1   C2 120.0
H2 C1  1.1   C2 120.0  H1  180.0
H3 C2  1.1   C1 120.0  H1    0.0
H4 C2  1.1   C1 120.0  H1  180.0

--Link1--
%Chk=NMR_C2H4
%NoSave
#P PBE1PBE/ChkBasis NMR Geom=Check Guess=Read

C2H4 NMR

0 1
```

磁気遮蔽定数は構造に対して敏感なので，この例ではNMR計算を行う前に構造最適化計算を実行しています．磁気遮蔽定数の計算では，PBE1PBE汎関数のパフォーマンスが良いという報告があるので，これを用いています [1]．計算結果は以下のように表示されます．

```
SCF GIAO Magnetic shielding tensor (ppm):
      1  C    Isotropic =    59.5389   Anisotropy =   172.2152
   XX=   174.3491   YX=      0.0000   ZX=      0.0000
   XY=     0.0000   YY=    -64.2224   ZY=      0.0000
```

```
   XZ=      0.0000   YZ=      0.0000   ZZ=     68.4901
   Eigenvalues:   -64.2224    68.4901   174.3491
     2  C    Isotropic =    59.5389   Anisotropy =   172.2152
(中略)
     3  H    Isotropic =    25.7328   Anisotropy =     4.4836
   XX=     25.7320   YX=      0.0000   ZX=      0.0000
   XY=      0.0000   YY=     22.7450   ZY=     -1.1030
   XZ=      0.0000   YZ=      1.2159   ZZ=     28.7213
   Eigenvalues:    22.7445    25.7320    28.7219
(以下略)
```

Isotropicの部分に表示されているのが，NMRで一般的に計測される等方的な磁気遮蔽定数です．化学シフトは標準物質TMSの遮蔽定数との差なので，TMSも同様に計算すればこれが得られます．上の例と同じレベルで計算すると，TMSのCとHの等方的磁気遮蔽定数は189.7 ppm，31.5 ppmなので，エチレンの^{13}Cおよび^{1}H NMR化学シフトは130.2 ppm，5.8 ppmと見積もられます．実験結果は123.2 ppm，5.25 ppmなので，まずまず一致しています．しかし，^{1}H NMR化学シフトは10 ppm程度の非常に幅の狭い範囲を議論するものなので，計算値の信頼性はあまり高くないことを心に留めておくべきです．また，遷移金属のような重原子のNMR化学シフトは，量子化学計算の得意とするところですが，相対論の効果を適切に取り込まないと正しく算出されないので，これも注意が必要です．なお，GaussianではNMR＝SpinSpinとすれば，スピン - スピン結合定数も見積もることができます．NMR遮蔽定数計算についてより詳しく知りたい方は，参考文献[2]などを参照すると良いでしょう．

[1] W. Koch, M. C. Holthausen, A Chemist's Guide to Density Functional Theory, 2nd Ed. (Wiley-VCH, Weinheim, 2001), Chap. 11.

[2] C. Trindle, D. Shillady, Electronic Structure Modeling：Connections between Theory and Software(CRC Press, 2008), Chap. 12.

E6. 溶媒効果を取り入れたいのですがどうしたらよいでしょうか？

通常，分子軌道法は孤立した分子を対象としており，気相中の分子に対しては十分な精度が得られますが，溶液中の分子の取り扱いには必ずしも適してはいません．実際，気相中と溶液中で分子や化学反応の特性が異なることはしばしばあります．そのため，溶液中の分子の取り扱いには溶媒効果を考慮する必要があります．

溶媒効果を考慮するためによく用いられる簡便な方法に，自己無撞着反応場（Self-Consistent Reaction Field: SCRF）理論に基づくものがあります．この方法では，溶媒をある誘電率を持った連続誘電体と見なし，溶質分子は溶媒中の空孔の中に置きます．空孔内の溶質の電荷分布が溶媒を分極することで反応場が生じ，この反応場が溶質に影響を及ぼします．このような相互作用を自己矛盾がないように見積もって得られた安定化がここでいう溶媒効果になります．空孔や反応場の定義の仕方によっていくつかの方法が提唱されています．

Gaussian で溶媒効果を取り入れた計算を行うには，SCRF キーワードを利用します．以下にアセトニトリル中のホルムアルデヒドの計算を行うインプットを示します．

```
#P B3LYP/6-31+G** Opt SCRF=(SCIPCM, Solvent=Acetonitrile)

Formaldehyde in Acetonitrile optimize

0  1
C
O  1  1.2
H  1  1.1   2  120.0
H  1  1.1   2  120.0  3  180.0
```

SCIPCM は溶媒効果を考慮する方法の名前で，他には IEFPCM 法（Gaussian09 のデフォルト）や IPCM 法などもよく用いられます．これらの違いについては，参考文献 [1] などを参照してください．Solvent キーワードに溶媒を指定すると，自動的に適切なパラメータが用いられます．この例では構造最適化計算と組み合わせていますが，振動数計算（Freq）など他の計算法とも組み合わせることができます．

表 1 にアセトニトリル中のホルムアルデヒドの調和振動数を実験値と比較して示します．気相との差 $\Delta\nu$ を見ると，どちらの方法でも，溶媒による調和振動数のシフトが定性的に再現されていることが確認できます．

表1　アセトニトリル中のホルムアルデヒドの調和振動数 ν (cm^{-1}) と気相からのシフト $\Delta\nu$

振動型	IEF-PCM		SCIPCM		実験値	
	ν	$\Delta\nu$	ν	$\Delta\nu$	ν	$\Delta\nu$
面外ねじれ	1208	+14	1207	+13		
CH_2 横ゆれ	1260	−2	1260	−2	1247	−2
CH_2 はさみ	1531	−6	1533	−4	1503	+3
C-O 伸縮	1789	−31	1791	−29	1723	−23
C-H 対称伸縮	2951	+37	2947	+33	2797	+15
C-H 非対称伸縮	3028	+49	3019	+40	2876	+33

ここで取り上げた連続誘電体近似では，溶媒を分子として取り扱っていないので，水素結合をはじめとした溶媒和構造についての情報は得られない等の問題点があります．溶質のまわりには多数の溶媒分子がありますが，これら多数の溶媒分子を溶質分子と同精度であらわに考慮する計算の実行は非常に困難です．そのため，溶質については量子力学的（QM: Quantum Mechanics）に高精度な取り扱いをして，溶媒は分子力学的（MM: Molecular Mechanics）に取り扱う QM/MM 法（E7 参照）に基づいた方法も試みられています．例えば GAMESS では，Effective Fragment Potential（EFP）に基づく QM/MM 法が実装されていて，分子動力学シミュレーションへの拡張も行われています．

[1] 原田義也，量子化学　下巻（裳華房，2007），pp. 261–271.

E7. QM/MM法，ONIOM法について教えてください

QM/MM法とONIOM法

計算対象の系が大きくなると，系全体を高精度に取り扱うことは困難です．そこで，化学反応における反応中心のように系を特徴づける重要な部分は量子力学的(QM)に高精度な取り扱いをし，それ以外の部分は分子力学的(MM)に取り扱うQM/MM法が開発されています．溶液系に対しては溶質分子をQMで，溶媒分子をMMで取り扱う計算が行われています．一般の分子系においても，系を分割して高精度な取り扱いと低精度な取り扱いを組み合わせて計算する方法が提唱されており，Gaussianでは諸熊らによるONIOM(Our own N-layered Integrated molecular Orbital and Molecular mechanics)法が利用できます．ONIOM法では，低精度な取り扱いでMM以外が使用できたり，高精度な分子軌道法と低精度な分子軌道法を組み合わせるなど，任意の計算方法の組み合わせが可能です．

ONIOM法では，計算対象分子に対してreal系とmodel系を決めます．real系は対象分子そのもので，model系は上で述べた重要な部分に当たります．本来はreal系に対して高精度な計算を行いたいわけですが，それが困難な場合，real系に対する高精度な計算で得られるエネルギー$E(\text{real, high})$を，real系に対する低精度な計算によるエネルギー$E(\text{real, low})$とmodel系に対する高精度な計算によるエネルギー$E(\text{model, high})$および低精度な計算によるエネルギー$E(\text{model, low})$を使って，

$$E(\text{real, high}) = E(\text{real, low}) + E(\text{model, high}) - E(\text{model, low})$$

と近似します．3種類の計算が必要ですが，model系がreal系に対して十分小さくとることができれば，計算時間の点でも実用的であると期待されます．図1左図がその概念図です．これは，計算対象分子を2層に分けているので，2-layer ONIOM法と呼ばれます．同様の手法で多層構造へ拡張できますが，Gaussian09では今のところ3層からなる3-layer ONIOM法まで利用できます．図1右図のように，3-layer ONIOM法では，

$$E(\text{real, high}) = E(\text{real, low}) + E(\text{mid, medium}) - E(\text{mid, low}) + E(\text{model, high}) - E(\text{model, medium})$$

によって，エネルギーを外挿します．エネルギーの核座標に関する1次微分や2次微分についても類似の考え方をすることで，構造最適化や振動数計算を行うこともで

きます．なお，ONIOM 法における model 系の設定や組み合わせる計算方法の選択は，計算する人の裁量です．

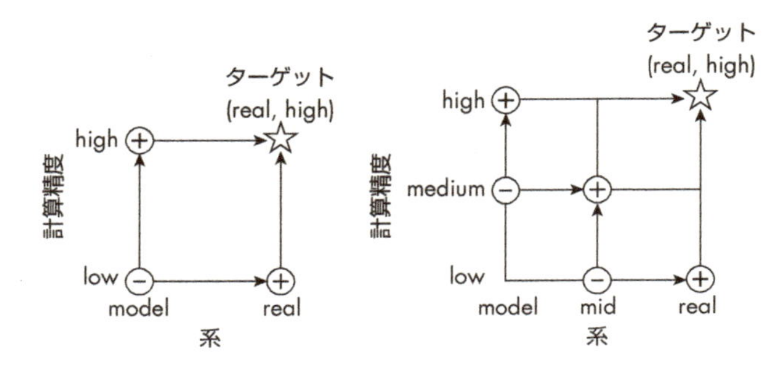

図1　ONIOM 法の概念図（左：2-layer，右：3-layer）

ONIOM 法の例

ONIOM 計算のインプットファイルは，GaussView を利用すると簡単に作成できます．例として 2-layer ONIOM 法をペンタンに適用してみます．real 系はペンタンそのもので，ここでは model 系として両端のメチル基を水素原子で置換したブタンに設定することにします．まず，GaussView の画面上でメチル基を順に伸ばしてペンタンを作成します．次に [Edit] メニューから [Select Layer…] を選択すると，Layer Selection Tool ダイアログボックスが現れます．末端の 2 つのメチル基を Shift キーを押しながら左クリックして選択し，ダイアログボックスの「Set Layer:」に「low」を選択して「Apply」をクリックします（図2）．すると末端のメチル基は細線表示になり，low レベルの計算のみが行われることを意味します．なお，共有結合が layer の境界にある場合には，high レベルの領域の末端に H が自動的に付加されます．タンパク質の計算では，PDB ファイルを使って残基ベースで Layer を指定することも可能です．あとは high レベルと low レベルの計算手法を指定すれば，ONIOM 計算の準備完了です．ここでは high レベルを CCSD(T)/6-311G(d,p)，low レベルを MP2/6-31G(d) とすることにします．作成した分子を [File]–[Save] で保存し，ルートセクションを変更します．ONIOM (CCSD(T)/6-311G(d,p):MP2/6-31G(d)) のように括弧内のコロン (:) の左側に high レベル，右側に low レベルの計算方法を指定します．また，GaussView の [Calculate]– [Gaussian Calculation Setup…] で計算レベルを指定することも可能です．最終的な入力ファイルは，図3のようになります．元素の指定のあとに通常のインプットにはない「0」が指定されていますが，ONIOM で構造最適化計算をするときに原子を固定する場合に用います（詳しくは Gaussian のマニュアルを参照).

計算結果をまとめると次の表1のようになります．ONIOM 法によるエネルギーはターゲットである CCSD(T)/6-311G(d,p) エネルギーよりもまだ 0.09357 hartree 高いですが，エネルギー差は low レベルの MP2/6-31G(d) 計算に比べ約3分の1になっています．計算時間は約10分の1ですので，これは十分実用的であるといえるでしょう．

表1　ONIOM 法によるペンタンの計算結果

計算方法	エネルギー /hartree[1]	計算時間
CCSD(T)/6-311G(d,p) [high]	−197.24561 (0.00000)	14分14秒
ONIOM(CCSD(T)/6-311G(d,p) : MP2/6-31G(d))	−197.15204 (0.09357)	1分26秒
MP2/6-31G(d) [low]	−196.98394 (0.26167)	3秒

[1] 括弧内は CCSD(T)/6-311G(d,p) 計算のエネルギーを基準としたエネルギー差

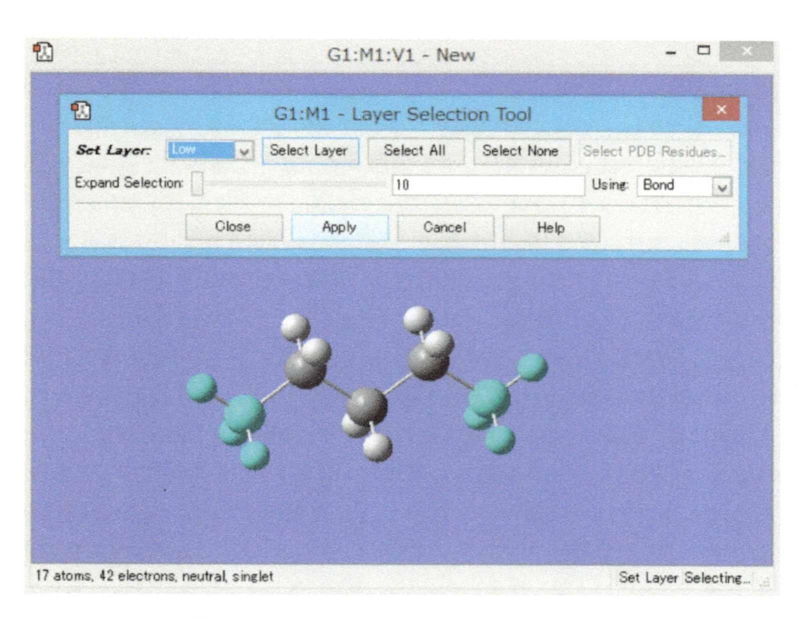

図2　GaussView による ONIOM レイヤーの指定

```
%Mem=20mw
#p oniom(ccsd(t)/6-311g(d,p):mp2/6-31g(d))

2-layer ONIOM for pentane
```

```
0 1
 C    0    -2.49568219     1.04490499     0.00000000 H            High レベル
 H    0    -2.13902776     0.03609499     0.00000000 H
 H    0    -3.56568219     1.04491818     0.00000000 H
 C    0    -1.98233997     1.77086127     1.25740497 H
 H    0    -0.91234178     1.76915420     1.25838332 H
 H    0    -2.33739653     2.78023428     1.25642758 H
 C    0    -1.98233997     1.77086127    -1.25740497 H
 H    0    -0.91234003     1.77117449    -1.25721620 H
 H    0    -2.33930186     2.77956250    -1.25759391 H
 C    0    -2.49797941     1.04653162     2.51480806 L H 4    High では H 置換
 H    0    -2.14328848     0.03702988     2.51556102 L             Low レベル
 H    0    -2.14094151     1.55067124     3.38845970 L
 H    0    -3.56797709     1.04862597     2.51405329 L
 C    0    -2.49523967     1.04459088    -2.51480913 L H 7    High では H 置換
 H    0    -3.56523960     1.04427400    -2.51499474 L
 H    0    -2.13857027     1.54899151    -3.38846064 L
 H    0    -2.13827433     0.03589087    -2.51462258 L
```

図3　ONIOM 法の入力ファイル

E8. 巨大な分子を計算する方法はありますか

A7で日本のスパコンの話を取り上げましたが，このような大きな計算機を使えば数百原子系のDFT計算を実行することは難しくなくなりました．しかし，B11で述べたように理論形式上の計算負荷はHFやDFT計算では基底関数の数Mの4乗に比例するため，計算規模を大きくすると計算時間は非常に大きくなってしまいます．また，計算精度が高くなるにつれてMに対する依存性は5乗，6乗と大きくなるため，少し分子が大きくなると高精度な計算はすぐに実行できなくなってしまいます．この問題を打開するため，Mに対する依存性を1乗（線形）程度まで減らす方法（リニアスケーリング法）の開発が盛んに進められています．

GaussianやGAMESSには，クーロン項と交換項のリニアスケーリング計算法である高速多重極展開法（FMM）が実装されています．Gaussianでは原子数が60以上の場合には自動的にFMMを用いるように設定されています．しかし基底関数の数が多くなると，もう1つの計算上のボトルネックである対角化のコストが大きくなってきます．また，電子相関の計算時間をFMMによって削減することはできません．

大きな分子を計算する他の方法に，系全体を分割して計算し，その結果を足し合わせる分割計算法があります．この計算法は日本でも古くから開発されており，GAMESSには北浦らによるフラグメント分子軌道（FMO）法，中井・小林らによる分割統治（DC）法，青木らによるエロンゲーション法が実装されています．FMO法は，分割したフラグメントやフラグメントペアについて分子軌道計算を行い，それらの結果から分子全体のエネルギーや電子密度を見積もる方法で，特にタンパク質のような生体分子を計算するのに有効です． Facioやfu（http://sourceforge.jp/projects/sfnet_fusuite/）などGUIを用いてpdbファイルなどからGAMESSによるFMO計算のインプットファイルを作成することが可能です．DC法はバッファ領域という考え方を利用することにより，FMO法では計算に工夫が必要な非局在化した電子状態も高精度に取り扱うことができます．バッファ領域の大きさについては，実際の計算を行う前に十分に検証する必要がありますが，GAMESSでは次の1行を追加するだけでDC法による計算が可能です．

```
$DANDC DCFLG=.T. SUBTYP=AUTO BUFRAD=8.0 $END
```

日本語のレビュー [1] もありますので，詳しく知りたい方はこちらを参照してください．

[1] M. Kobayashi, T. Akama, H. Nakai, *J. Comput. Chem. Jpn.*, 8, 1-12 (2009).

E9. 第一遷移金属の計算の手法と注意点を教えてください

第一遷移金属と電子相関

第一遷移金属は理論計算で取り扱うのが非常に難しい原子です．この理由を説明するために，初めに原子の電子状態を例に説明します．原子の電子項がS，P(3重縮退)，D(5重縮退)，F(7重縮退)等になることは物理化学の教科書に載っていますが，それがどのような電子状態なのかを頭に思い浮かべるのは大変難しいことです．本質的な難しさは2つの点，電子状態の多配置性と電子相関にまとめられます．

初めに電子状態の多配置性について説明します．量子化学計算では一般には電子の持つ反対称性を満足させるため，電子状態の記述にSlater行列式を用います．しかし，D2で述べたように電子状態を記述するためには，1つのSlater行列式だけでは不十分な場合が存在します．この場合，複数のSlater行列式を用いて電子状態を記述する理論（多配置理論）であるMCSCF法などを用いる必要があります．これらの方法では波動関数は次式のように表現されます．

$$|\Psi\rangle = \sum_I C_I \, |\Phi_I\rangle$$

$$|\Phi_I\rangle = |\psi_1 \psi_2 \psi_3 \psi_4 \cdots \psi_N\rangle$$

この波動関数を決定する際に，Slater行列式の展開係数 C_I とSlater行列式 $|\Phi_I\rangle$ を構成する分子軌道の組 $\{\psi_1, \psi_2, \psi_3, \psi_4, \cdots, \psi_N\}$ の両方を最適化します．

それでは，なぜ原子の電子状態を記述するのに多配置性が必要なのかを説明します．原子の場合，電子は軌道角運動量を持っているため，スピン固有関数についてD2で説明したように，スピン角運動量だけでなく軌道角運動量の合成も考える必要があります．縮退する軌道に対してはスピンが最も平行に詰まった状態ほど安定で，次に軌道角運動量を平行に（つまり角運動量が大きくなるように）合成したほうが安定になります（最も縮重度が高い電子状態）．これは，原子の場合にはHundの規則としてよく知られていますが，分子においても多くの場合に成り立ちます．

スピンの問題はD2で詳しく説明したので，この節では軌道角運動量の合成を中心に説明します．3d軌道に1から10電子が占有する際に生じる高スピン電子状態の電子項は表1のようになります．S状態は電子状態として1つの電子配置しか考えられないd^5，d^{10}状態のみで，D状態は5通りの組み合わせが存在するd^1，d^4，d^6，d^9状態だけです．ここで問題なのはF状態です．これらは5つの軌道に2つまたは3つの電子を詰める場合に生じ，10通りの電子の占有の組み合わせが存在します．

表1　高スピンd^n電子状態の電子項

d^1	^2D	d^6	^5D
d^2	^3F, ^3P	d^7	^4F, ^4P
d^3	^4F, ^4P	d^8	^3F, ^3P
d^4	^5D	d^9	^2D
d^5	^6S	d^{10}	^1S

話が難しくなるので電子2つの場合を例に考えると，大きさ2の角運動量（s軌道は0，p軌道は1，d軌道は2，f軌道は3）を持つモーメントの合成の問題を考える必要があります．2つのモーメントのl_z成分の合成で考えると，(+2, +1)，(+2, 0)，(+2, −1)，(+1, 0)，(+2, −2)，(+1, −1)，(−2, +1)，(−1, 0)，(−2, 0)，(−2, −1)の10通りで，z成分が+1，0，−1の値を持つものがそれぞれ2つ存在することになります．実はこの10通りは7重縮退するF状態と3重縮退するP状態（z成分は+1，0，−1）に分かれます[1]．これを我々が一般的に使う5つのd軌道を用いてSlater行列式で書くと，

$$\mathrm{F}(+3\ \mathrm{or}\ -3)\qquad \frac{1}{\sqrt{2}}\left\{\left|\mathrm{d}_{x^2-y^2}\mathrm{d}_{xz}\right\rangle-\left|\mathrm{d}_{xy}\mathrm{d}_{yz}\right\rangle\right\},\quad \frac{1}{\sqrt{2}}\left\{\left|\mathrm{d}_{x^2-y^2}\mathrm{d}_{yz}\right\rangle+\left|\mathrm{d}_{xy}\mathrm{d}_{xz}\right\rangle\right\}$$

$$\mathrm{F}(+2\ \mathrm{or}\ -2)\qquad \left|\mathrm{d}_{x^2-y^2}\mathrm{d}_{z^2}\right\rangle,\quad \left|\mathrm{d}_{xy}\mathrm{d}_{z^2}\right\rangle$$

$$\mathrm{F}(+1\ \mathrm{or}\ -1)\qquad \sqrt{\frac{2}{5}}\left|\mathrm{d}_{xz}\mathrm{d}_{z^2}\right\rangle+\sqrt{\frac{3}{10}}\left\{\left|\mathrm{d}_{x^2-y^2}\mathrm{d}_{xz}\right\rangle+\left|\mathrm{d}_{xy}\mathrm{d}_{yz}\right\rangle\right\},$$

$$\sqrt{\frac{2}{5}}\left|\mathrm{d}_{yz}\mathrm{d}_{z^2}\right\rangle-\sqrt{\frac{3}{10}}\left\{\left|\mathrm{d}_{x^2-y^2}\mathrm{d}_{yz}\right\rangle-\left|\mathrm{d}_{xy}\mathrm{d}_{xz}\right\rangle\right\}$$

$$\mathrm{F}(0)\qquad \frac{2}{\sqrt{5}}\left|\mathrm{d}_{xz}\mathrm{d}_{yz}\right\rangle+\frac{1}{\sqrt{5}}\left|\mathrm{d}_{x^2-y^2}\mathrm{d}_{xy}\right\rangle$$

$$\mathrm{P}(+1\ \mathrm{or}\ -1)\qquad \sqrt{\frac{3}{5}}\left|\mathrm{d}_{xz}\mathrm{d}_{z^2}\right\rangle-\sqrt{\frac{1}{5}}\left\{\left|\mathrm{d}_{x^2-y^2}\mathrm{d}_{xz}\right\rangle+\left|\mathrm{d}_{xy}\mathrm{d}_{yz}\right\rangle\right\},$$

$$\sqrt{\frac{3}{5}}\left|\mathrm{d}_{yz}\mathrm{d}_{z^2}\right\rangle+\sqrt{\frac{1}{5}}\left\{\left|\mathrm{d}_{x^2-y^2}\mathrm{d}_{yz}\right\rangle-\left|\mathrm{d}_{xy}\mathrm{d}_{xz}\right\rangle\right\}$$

$$\mathrm{P}(0)\qquad \frac{1}{\sqrt{5}}\left|\mathrm{d}_{xz}\mathrm{d}_{yz}\right\rangle-\frac{2}{\sqrt{5}}\left|\mathrm{d}_{x^2-y^2}\mathrm{d}_{xy}\right\rangle$$

となります．電子項の後に書いた括弧の中は合成したL_zの値です．つまり，F状態のL_z成分が±2の時のみ，1つの電子配置で電子状態の記述が可能で，他

の状態は全て多配置理論が必要であることになります．ここで，$3d_0 = 3d_{z^2}$，$3d_{\pm 1} = (3d_{xz} \mp i3d_{yz})/\sqrt{2}$，$3d_{\pm 2} = (3d_{x^2-y^2} \pm i3d_{xy})/\sqrt{2}$ という関係式を用いています．

第一遷移金属を含む分子の場合

それでは，第一遷移金属を含む分子の場合はどうでしょうか？　角運動量の合成は同じ原子中心に対しては強く起こり，離れた原子中心間ではさほど強くは起こりません．他の周期の遷移金属と異なり，第一遷移金属の3d軌道はより内殻に沈み込んでいるため，外場からの影響が小さく（d軌道間の分裂が小さい），分子の場合でもd電子の持つ角運動量の合成が起こる場合があります．このため，電子状態は擬縮退状態にあり，複数の近接励起状態が存在し，計算をする際に電子を詰める順番を考慮する必要が出てくる場合もあります．また，分子内に複数の第一遷移金属があると，金属間のスピンの合成は比較的弱いため，ありとあらゆるスピン多重度を想定しなければならなくなります．ただし，d軌道の分裂が大きくなるような配位子があれば，これらの問題は無くなります．

次に電子相関の問題です．内殻に沈み込んだd軌道同士の電子相関は外側の軌道より電子相関の影響が強く，d^{n+1} 状態と s^1d^n 状態のエネルギー差などを正確に計算することができません．これらのエネルギー差を正確に計算するためには動的電子相関を正確に取り込む必要があります．図1に，第一遷移金属イオンの s^1d^n 電子状態と d^{n+1} 電子状態のエネルギー差を計算した例を挙げます．

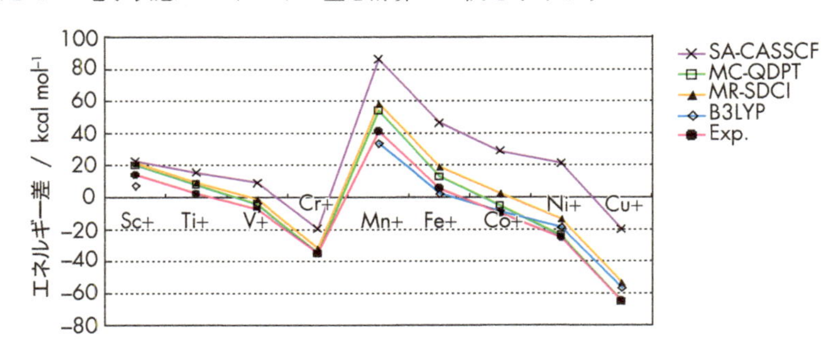

図1　s^1d^n 電子状態と d^{n+1} 電子状態のエネルギー差（$E[d^{n+1}] - E[s^1d^n]$）

正の値を取る場合が s^1d^n 電子状態が安定なときです．動的電子相関がほとんど考慮されていない状態平均(SA)-CASSCF法は実験値から正方向に大幅にずれてしまいます．つまり，d軌道に電子が多く詰まる状態のエネルギーがより不安定に見積もられます．動的電子相関を取り込んでいる他の方法では比較的実験値に近い値を算出しますが，実験値を完全に再現しているとは言いづらいです．第一遷移金属は電子相関が非常に大きく効いてくるため，基底状態に近接する様々な電子状態を正確に計算することが難しいのです．表2に示したのは，Ni原子の励起エネルギーを，4s軌道と3d軌道を活性空間としたCASSCFやこれに基づいた摂動論（CASPT2はMolpro，MCQDPTはGAMESSで計算）を用いて計算した結果です（Gaussianによる SA-CASSCF計算のインプットは図2）．1重項の計算では21状態，3重項では15状態全てを平均してSA-CASSCF計算を行っています．

表2　各手法によるNiの基底状態と励起状態のエネルギー差（eV）

		SA-CASSCF(10,6)	MS-CASPT2	MCQDPT		実験値
状態	配置	LanL2DZ	LanL2DZ	LanL2DZ	ANO	NIST
^3F	s^2d^8	0.00	0.00	0.00	0.00	0.00
^3D	s^1d^9	2.31	0.79	0.43	0.69	0.03
^1D	s^1d^9	2.55	1.22	0.85	0.34	0.42
^1D	s^2d^8	1.99	1.66	1.98	2.51	1.68
^1S	d^{10}	15.79	−0.84	−1.71	−5.16	1.83
^3P	s^2d^8	2.34	2.38	2.31	2.85	1.94
^1G	s^2d^8	3.08	2.72	3.04	3.63	2.74
^1S	s^2d^8	7.46	7.44	7.67	7.65	6.23

LanL2DZ: LanL2DZ ECP

ANO: Roos Augmented Double Zeta ANO

```
#P CASSCF(10,6,NRoot=15,StateAverage)/LanL2DZ

Ni Triplet

0 3
Ni

0.066667  0.066667  0.066667  0.066667  0.066667   各状態の重みを指定
0.066667  0.066667  0.066667  0.066667  0.066667   (和が1になるように)
0.066667  0.066667  0.066667  0.066667  0.066667
```

図2　Ni原子の3重項状態に対するSA-CASSCF計算のインプットファイル

上で述べたように，SA-CASSCFは動的電子相関の欠落のため，d^{10}状態のエネルギーが非常に高く，またs^1d^9状態もs^2d^8状態に比べて高く見積もられています．動的電子相関を加えると明らかに改善しますが，D2のO原子の場合と比べると，大きく実験値からずれることが分かります．ここでは全状態に対して平均しましたが，MolproやGAMESSを用いれば，指定した既約表現に属する状態のみを用いることも可能です．

以上の理由から高次軌道角運動量を持つ軌道（d 軌道や f 軌道）から生じる電子状態は非常に複雑になり，理論計算において大きな困難を伴います．ここでは第一遷移金属を例に挙げて説明してきましたが，実際に最も難しいのはランタノイドやアクチノイドです．これらの金属では d 軌道よりさらに内殻に沈み込んだ f 軌道に電子が占有するため，相対論の効果やスピン - 軌道相互作用を正確に取り扱う必要があり，理論計算にとって非常に難しい対象です．相対論の効果については D7 で詳しく説明しています．

[1] D. A. マッカーリ，J. D. サイモン，物理化学（上）（東京化学同人，1999），pp. 317-335.

E10. 金属や金属酸化物の表面の計算がしたいのですが

金属や金属酸化物の表面を計算する場合，クラスター近似や周期的境界条件を使います．前者は，実際の金属表面を全て理論計算で扱うことは難しいので，必要な部分を抜き出してモデル化する方法です．

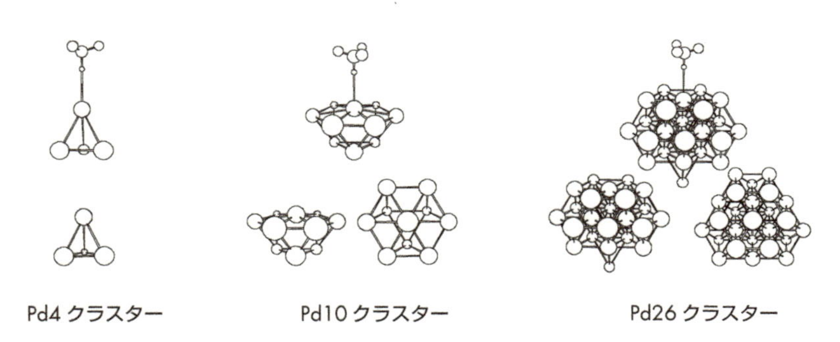

図1　Pd のクラスター近似

Pd の (111) 面へのメタンの吸着を例に考えると，最も簡単なモデルは金属単体モデルです．次に，第1層に1原子，第2層に3原子からなる Pd_4 クラスターのモデルや，第1層に6原子，第2層に3原子からなる Pd_{10} クラスターのモデルを用います．さらに大きいモデルでは第3層や第4層まで用いた Pd_{26} クラスター（第1層に7原子，第2層に12原子，第3層に6原子，第4層に1原子）を用います．また，実際の金属表面への吸着では他の吸着サイト（原子間）への吸着も考慮する必要がありますが今回は図から省きました．

もう1つの方法が周期的境界条件（PBC）を使う計算方法です．ただし，この場合は吸着分子も金属表面上で周期的に吸着することになります．Gaussian では原子の座標と並進ベクトル（Tv）を指定することでインプットが作成できます．図1に MgO(100) 表面に Li 原子が吸着した構造を最適化する計算のインプットファイルを示します．

```
#P UBLYP/6-31G*/Auto opt=ModRedundant

Li on MgO (100) surface

0  2                                    PBC計算では電荷は必ず0にする
Li    2.106    0.000    2.000           吸着Li原子
Mg    0.000    0.000    0.000           2層のMgO表面モデル
O     2.106    0.000    0.000
O     0.000    2.106    0.000
Mg    2.106    2.106    0.000
O     0.000    0.000   -2.106
Mg    2.106    0.000   -2.106
Mg    0.000    2.106   -2.106
O     2.106    2.106   -2.106
Tv    4.212    0.000    0.000           並進ベクトル
Tv    0.000    4.212    0.000

B * * K                                 全ての結合長を最適化座標から除く
A * * * K                               全ての結合角を最適化座標から除く
D * * * * K                             全ての二面体角を最適化座標から除く
X * F                                   全てのデカルト座標を固定
X 1 A                                   原子1のデカルト座標を最適化座標に加える
```

図1　PBCを用いたMgO(100)面上のLi吸着構造の最適化計算に対するインプット

ここでは，2層のMgOを表面のモデルとして使用しています．Tvが2つ指定されているので，表面の計算を表しています．並進ベクトルの後，空行の後に指定されているのは，C3で説明されているOpt=ModRedundantの指定で，MgO全体と並進ベクトルを固定しています．基底関数6-31G*のあとにある"/Auto"は，密度フィッティング近似という高速計算法をクーロン相互作用の計算に用いて，その補助基底を自動生成することを指定しています．これは，HF交換が含まれていないDFT計算でのみ利用できます．この近似の利用もありますが，PBC計算ではHF交換計算があると非常に計算時間がかかるので注意しましょう．どうしても必要な場合は，ωPBEh（Gaussianの指定ではwPBEh）という短距離のHF交換のみを取り入れる汎関数もあるので，検討してください．また，PBC計算では広がった（軌道指数の小さい）基底関数が使われると，計算時間がとてもかかったり，収束性に問題が生じたりします．場合によっては，予備計算を行って，これを取り去った基底を用意する必要があります．図1の計算で得られるエネルギーと，MgO表面とLi原子の計算で得られるエネルギーの和を比べると，吸着エネルギーを算出することができます．PBC計算に関する注意点は，他にも[1]のウェブサイトに記載されているので，計算の前に一通り読んでおくと良いでしょう.

実際には，金属クラスターなどを計算したいのであれば，Gauss 型の AO を基底関数として用いる Gaussian や GAMESS ではなく，平面波基底を用いる VASP (Vienna Ab-initio Simulation Package) などの使用を薦めます．このような分子では平面波基底を用いると，非常に効率的です.

[1] http://scuseria.rice.edu/gau/g09_pbc/pbc_guide.html

E11. 触媒反応の計算をしたいのですが

反応の計算は，反応機構が予測できるかどうかがキーポイントとなります．特に触媒反応の場合には，どのような構造の中間体が生成するか考える以前に，何が活性種として働いているか考えなくてはならない場合も多々あります．そのため，実験結果があればそのデータもフルに利用して，反応機構についてあらゆる可能性を検討する，という計算前の準備が最も重要となります．反応機構が予測できたら，各中間体の構造を求め，さらに安定構造（反応物，生成物，中間体）同士を結ぶ遷移状態を求めて，反応物から生成物への反応経路を繋ぎます．遷移状態の求め方についてはC11を参考にしてください．計算を進めるうちに，予測した経路以外に重要な経路が見つかる場合もよくあります．しかし，十分に経験があっても，重要な反応経路を見逃してしまう場合もあるので，複雑な素反応の場合には，反応経路をコンピュータで自動的に探索する手法（E3参照）も活用すると便利です．全ての反応経路を明らかにした上で，反応の活性化障壁や律速段階を求めることができます．

Pd 原子とアンモニアの反応例

具体例として，Pd 触媒によるアンモニアの分解反応を考えます．触媒の構造がどのようになっているかも重要なポイントですが，ここでは図1のように Pd 原子とアンモニアの単純な反応を計算する場合を取り上げます．基底関数として，Pd に LanL2DZ を，N，H には 6-31G* を用います．構造の最適化は B3LYP 法を用いて，その他様々な方法を使って最適化された構造に対して反応経路上のエネルギー変化を求めました．初めに反応物（Pd + NH_3）から生成物を予測し，構造を最適化し，反応エネルギーを求めます．生成物として PdNH + H_2，$PdNH_2$ + H，PdH + NH_2 を考える場合，Pd とアンモニアが結合した中間体 $PdNH_3$ とアンモニアの NH 結合を活性化した中間体 $HPdNH_2$ が考えられるので，これらの構造を最適化してエネルギーを比較します．最後にこれらの中間体を結ぶ遷移状態（TS1）を求めて反応系路上のエネルギー変化を求めます．また，H_2 の脱離には $HPdNH_2$ との間にもう1つの遷移状態（TS2）が存在します．遷移状態が求まったら，虚の振動方向が正しいかを確認して，IRC 計算を行い，反応物と生成物を確認する必要があります．得られたエネルギー変化は表1のようになります．

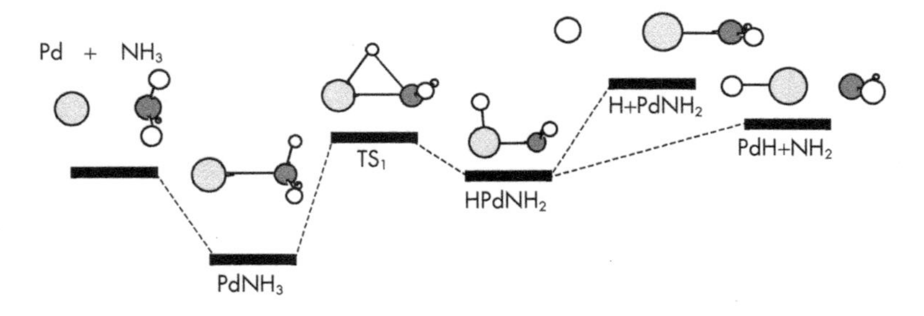

図1　Pd 原子とアンモニアの反応

表1 Pd 原子とアンモニアの反応エネルギー (kcal mol^{-1})

Compound	B3LYP	HF	MP2	MP3	MP4	CCSD	CCSD(T)	CASSCF	MRMP2
Pd + NH_3	0.0	0.0	0.0	0.0	0.0	0.0	0.0	0.0	0.0
$PdNH_3$	−22.7	−2.4	−17.0	−13.4	−19.3	−16.3	−17.4	−21.0	−15.7
TS1	12.8	57.3	20.5	28.7	17.3	25.0	21.4	17.1	28.5
$HPdNH_2$	3.4	48.3	15.7	18.9	13.6	15.1	12.1	7.7	10.1
TS2	71.6	118.2	83.1	91.5	70.0	78.6	72.2	60.8	68.8
H_2PdNH	62.5	113.9	77.3	88.4	55.8	71.8	64.5	54.2	60.3
PdNH + H_2	62.5	78.3	123.4	121.8	120.3	108.1	108.3	48.8	55.3
$PdNH_2$ + H	67.8	71.3	76.9	76.6	77.5	72.7	71.7	61.2	69.2
PdH + NH_2	53.6	49.1	70.5	62.1	65.0	58.4	59.6	38.1	54.8

TS2, H_2PdNH, PdNH は波動関数の多配置性が重要なため（主配置は80～85%), MP 法や CC 法では不十分で，MRMP2 法（GAMESS で計算可能，G 章参照）のような多参照理論を用いる必要があります．その他の構造では主配置は約95% 程度で単配置の波動関数を用いた理論でも十分に良い結果が得られます．今回の計算では B3LYP 法の計算結果は MRMP2 法の結果と良く一致していますが，多配置性が大きくなると当然，B3LYP 法の結果も信用ができなくなります．

実際の触媒反応と対応させるには，Pd 1 原子というモデルでわかることはほとんどありません．Pd 表面上の反応であれば，E10 に記したような表面のモデル化を行い，その上に反応物を載せて計算する必要があります．このようなモデル化も，計算者の腕が試されるところです．しかし，適切なモデル化を行うことができれば，実験結果の再現だけではなく，計算主導による触媒活性の予測までできるようになってきました [1]．最近では，担体の効果や合金化による触媒活性の違いを計算で予測するなど，触媒化学における量子化学計算の適用がますます広がっています．

[1] K. Uosaki *et al., J. Am. Chem. Soc.,* **136**, 6542 (2014).

E12. 錯体の計算をしたいのですが

錯体計算の概要

遷移金属を含む化合物は様々な物性（磁性，吸収，発光）を示し，非常に興味深い分子系です．しかし，理論計算では遷移金属を含んだ分子の計算は非常に難しく，適切な理論を用いて計算する必要があります．分子を計算する前に閉殻か，開殻か，スピン多重度の指定をどうするべきか，どの理論を使うべきかを決める必要があります．この選択を誤ると全く異なる結果を与えることになります．ここでは金属錯体を理論計算する方法とその注意点を述べます．

Gaussian で遷移金属を含んだ錯体を計算する上で最も注意すべき点は，Gaussian の収束性の問題です．Gaussian の SCF 計算の収束性は非常に高く，G 章で説明する GAMESS と比べるとはるかに効率的です．

しかし，遷移金属などの錯体では，local minimum に収束する可能性があるだけでなく，本来，占有軌道であるべき軌道が仮想軌道になっている場合もあります．この現象は金属錯体に限らないのですが，一般に HOMO-LUMO のギャップが狭い場合に起こり，HOMO と LUMO の軌道エネルギーが逆転する場合も出てきます．HOMO と LUMO のエネルギーが逆転していれば，C6で説明したように "Guess＝Alter" オプションを指定して，必要な軌道を入れ換えて，再度 SCF 計算を行います．HOMO と LUMO のエネルギーが正しい場合，"Stable＝Opt" オプションを使って，SCF 解が安定解か（最も低い状態を計算したのか）を調べます．もしも，得られた解が不安定な解ならば，自動的に軌道を入れ換えて，再度 SCF 計算を行い，安定な解を求めてくれます．

例えば Ni_2 を例に考えると，Ni 原子の基底状態は ^3F で $4s^2 3d^8$ 電子配置をとります．Ni 同士の結合には主に4s 軌道が寄与するため，4s 軌道から生じる結合性の σ 軌道に電子が2つ占有します．一方，Ni の 3d 軌道は空間的な重なりが小さく，結合性の寄与がほとんどないので，Ni の 3d 軌道に1つずつスピンが残った電子状態をとり，1重項と3重項がそれぞれ25状態ずつ近接することになります．もしも，閉殻1重項の条件で解を求めると，結合長は2.091 Å で解が不安定性を持つことになります．そこで，閉殻1重項解の安定性を調べると，結合長は2.277 Å となり，安定解として開殻1重項が得られます．3重項状態を Harris 汎関数を初期軌道として求めると，結合長が2.086 Åのd軌道の占有が異なる不安定解が得られます．この解に対しても安定性を調べると，結合長が2.276 Åの安定解が得られます．この結果を表1に記しました．

表1　Ni_2のSCF計算で得られる解

電子項	結合長 (Å)	全エネルギー (Hartree)
閉殻1重項	2.091	−338.488773 (不安定解)
開殻1重項	2.277	−338.570704 (安定解)
3重項	2.086	−338.542154 (不安定解)
	2.276	−338.570793 (安定解)

a 基底関数はLanL2DZ，B3LYP法を使用

実際の計算例

実際の計算例として，図1のような発光現象が起きる*fac*-[Ir(ppy)$_3$] 錯体と*mer*-[Ir(ppy)$_3$] 錯体の計算を行います．IrにLanL2DZ，H，C，Nには6-31Gを基底関数として使用します．構造の最適化はDFTで行い，B3LYPとB3PW91汎関数を使用しました．計算結果は表2のようになります．

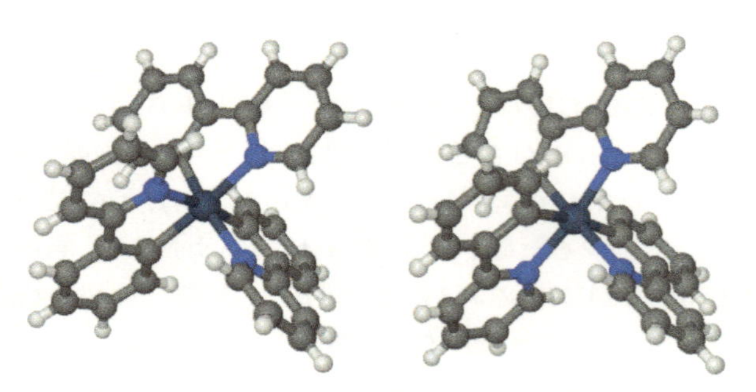

図1　*fac*-[Ir(ppy)$_3$] 錯体 (左)　*mer*-[Ir(ppy)$_3$] 錯体 (右)

[Ir(ppy)$_3$] 錯体は実験値がなかったので，[Ir(tpy)$_3$] 錯体と比較していますが，計算から得られた構造は実験値と比較的良く合っていることが分かります．また，励起エネルギーを求めるためにTD-DFTを使用すると，それぞれの錯体の第一励起状態への励起エネルギーは2.80 eV (*fac*-)，2.69 eV (*mer*-) となります．実験では2つの錯体でともに，2.54 eVという値が得られており，計算によって得られた値とよく一致します．また，この励起はHOMOからLUMOへの励起で，*fac*-[Ir(ppy)$_3$] 錯体のHOMOとLUMOの軌道は図2のようになります．

表2　*fac*-[Ir(ppy)$_3$] と *mer*-[Ir(ppy)$_3$] の DFT による最適化構造 (Å)

		B3LYP	B3PW91	実験値 [a]
fac-[Ir(ppy)$_3$]				
	r(Ir-N)	2.167	2.140	2.132
	r(Ir-C)	2.035	2.022	2.024
mer-[Ir(ppy)$_3$]				
	r(Ir-N)	2.062	2.043	2.044
		2.081	2.060	2.065
		2.192	2.163	2.151
	r(Ir-C)	2.021	2.008	2.086
		2.094	2.077	2.020
		2.110	2.091	2.076

a 実験値は [Ir(tpy)$_3$] 錯体のデータを使用，*J. Am. Chem. Soc.*, **125**, 7377-7387 (2003).

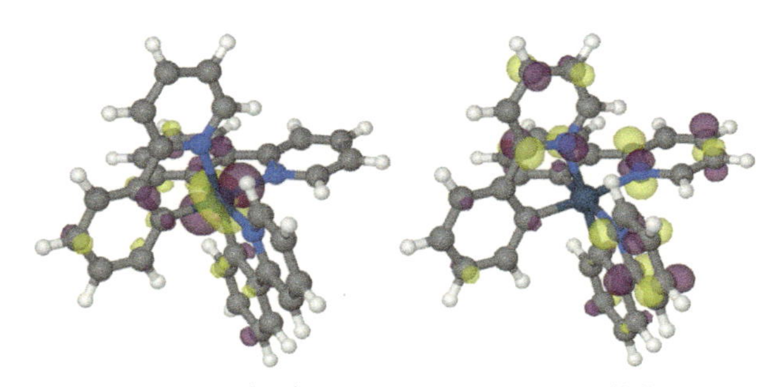

図2　*fac*-[Ir(ppy)$_3$] 錯体の HOMO と LUMO の軌道

最後に，金属錯体を計算する上での注意点をまとめておきます．

(1)　計算をしたい錯体の電子状態を十分に記述できる方法論を使うこと．

a. 計算したい分子が閉殻か，開殻かを判断する．

b. 開殻の場合，適切なスピン多重度を指定する．

c. 電子状態に多配置性があるかを考えた上で理論を選択する．

(2)　実際に得られた結果を確認すること．

a. 1重項でも3重項でも，得られた波動関数に対して安定性の確認を行う．

b. 不安定性があれば，非制限解にして再計算を行う．

この項で記載した内容を良く吟味した上で，金属錯体の計算を行ってください．

F　計算結果の可視化

F1. 動画を作成してみたいのですが

動画は研究内容を分かりやすく見せるのに効果的です．2次元の図では把握しにくい複雑な分子でも少し動きを加えたり，回転させたりして見ることにより，全体をより分かりやすい形で把握できます．反応経路も結果をアニメーション化することにより，反応の性質を直感的に理解できるでしょう．

物体の高速コマ取り写真を数十枚程度重ねてパラパラとめくると，物体が動いて見えます．これがアニメーションの基本です．分子についても同様で，反応経路に沿った座標のデータから連続した画像を生成して重ねてパラパラめくる要領で，反応のアニメーションを作成します．自然なアニメーションを作成するには，1秒間当たり画像が24～30枚必要となります．この連続した画像を準備できれば，動画作成ソフトウェア（後述）を用いて，mpegや動画gifなどの動画を作成できます．分子可視化ソフトウェアには連番作成機能のみを持つもの，直接動画を作成する機能まで持つものがあります．連番作成機能のみの場合，別のソフトウェアを用いて動画を作成する手順が必要です．

細かい設定は抜きにして手っ取り早く（無償の範囲で）動画を生成するには画像ブラウザソフトであるPicasa3(Windows，Mac対応）を使うと良いでしょう．以下にPicasa3を使って連番画像から動画を生成する方法を説明します．

1. Picasaをインストールしスキャンするフォルダを指定

「ツール」→「フォルダマネージャ」を選択し，Picasaに読み込みたい画像のあるフォルダを指定します．

2. 動画作成の設定

左にスキャンされたフォルダが表示されるので，動画を作成したい画像の入ったフォルダを選択します．右のブラウザ画面には画像一覧が表示されるので，マウスで範囲を選択します．フォルダ内の画像を全部使う場合には指定する必要はありません．フォルダアイコンの下にあるボタンの中から「ムービープレゼンテーションを作成」を押すと，「ムービープレゼンテーションの作成」タブが開かれます．ここで左側のメニューで「ムービー」タブを選択してください．次に「移行スタイル」メニューから「経過時間」を選択し，スライドの表示時間を最小の1/30秒に設定します．同時にサイズも変更可能です．動画の最初のコマには自動的にフォルダ名と日付が入りますが，「スライド」タブ内の設定で変更可能です．

3. 動画作成の設定

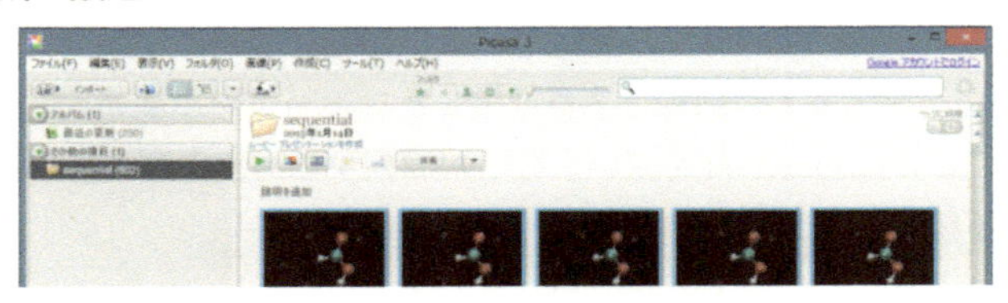

図1　Picasa の初期画面

最後に「ムービーメーカー」の「ムービーを作成」ボタンをクリックすると動画の生成が始まります．Windows ならば wmv フォーマットの動画が，Mac OS X の場合には mov フォーマットの動画が「マイピクチャ /Picasa/ ムービー」フォルダに保存されます．生成された動画はそのまま PowerPoint にメディアとして挿入することができます．

Picasa3 を用いた動画作成では，あまり細かい設定はできませんが，生成された動画の品質は高く，動作も軽いので非常に有用です．他に無償で使えるソフトウェアには FFmpeg, mencoder 等がありますが，いずれもコマンドラインで操作する方式です．FFmpeg はクロスプラットフォーム対応でインストールも容易です．Linux の場合にはパッケージを用いると良いでしょう．多機能ですので，コマンドの詳細は開発元サイトの Documents を参照してください．

FFmpeg (https://www.ffmpeg.org/)

ここでは連番画像から mpeg を生成する方法を紹介します．連番画像のファイル名が mol000.jpg, mol001.jpg, mol002.jpg……. となっている場合には

```
$ ffmpeg -r 30 -i mol%03d.jpg out.mpeg
```

とすると out.mpeg が生成します．「-r」はフレームレートであり，「-r 30」は 1 秒間に 30 枚の画像が使われます．画質，フレームサイズ，出力形式など多様な設定が可能です．

F2. 分子を見やすく表示したいのですが

複雑で巨大な分子でも，回転して見せることによってその構造が分かりやすくなります．ここではQutemolを用いて分子が回転する動画を作成してみましょう．Qutemolは下記からダウンロード可能です．

Qutemol (http://qutemol.sourceforge.net/)

これは，分子の座標（PDBフォーマット）を三次元表示するプログラムで，Win, Mac版が提供されています．画像はとても美麗で，そのまま論文の表紙にも使えるレベルのものが生成できます．静止画像（jpeg）だけでなく，分子の回転などの動画をgifをとして保存することもでき，動画gifはPowerPointに貼り付けることができます．他にも，分子がわずかに左右に揺れる，四方からのスナップショットを数秒ずつ見せるなどの選択が可能です．プレゼンには非常に有用と言えるでしょう．Qutemolは入力ファイルとしてpdb, vbdをサポートしています．pdbフォーマットを手入力により作成するのは大変ですので，他の可視化ソフトウェアのフォーマット変換機能を使うと簡単です．GaussView, Avogadro等でファイルを一度開き，pdbフォーマットで保存するだけです．非常に多くのフォーマットをサポートした分子構造フォーマット変換プログラムOpenBabel (http://openbabel.org/wiki/Main_Page) も有用です．

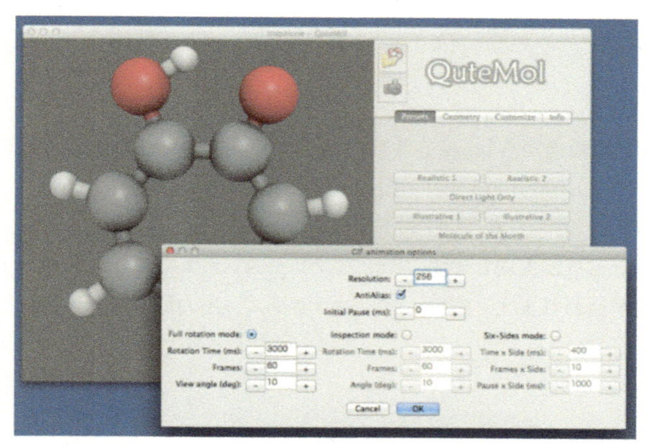

図1　Qutemolの画面

F3. 分子軌道を可視化したい

すでに B9 で GaussView による軌道の可視化が説明されていますが，ここではフリーウェアで軌道の可視化を行ってみましょう．軌道を見るためには Gaussian の .chk ファイルを .fchk に変換する必要がありますが，これは Gaussian に付属のユーティリティの中にある formchk で変換できます．Unix 環境のターミナルから実行する場合には，次の通りファイル名を指定してください．Gaussian09W の場合にはメニューからファイルを選択可能です．

```
$ formchk filename.chk filename.fchk
```

Avogadro (http://avogadro.cc/wiki/Main_Page)

分子の可視化，初期構造の作成を行えるフリーウェアです．Windows, Mac, Linux に対応しています．メニューから「File」→「Open」を選択して作成した fchk ファイルを開くと分子構造に加え，軌道のリストも右に表示されます．

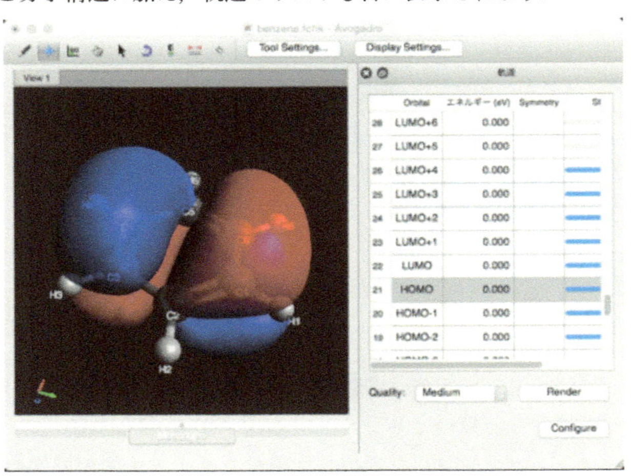

図1　Avogadro の画面

Jmol (http://jmol.sourceforge.net/)

Jmol もプラットフォームを問わず利用可能です．起動のための batch ファイルをクリックするか，コンソールから以下のコマンドを実行します (java がインストールされていることが必要です).

```
$ java –jar Jmol.jar
```

ウィンドウが表示されたらAvogadroと同様にメニューの「File」→「開く」を選択してfchkファイルを開き，右クリックでサブメニューを表示し見たい軌道を選択します．メニューから「File」→「コンソール」を選択するとJmolの動作をコマンド制御できます．ヘルプ等を参照してください．「File」→「スクリプトエディタ」を選択すると，コマンド群をバッチ処理できるので大変便利です．必要な分子軌道を一括生成させることも可能です．設定コマンドをテキストファイルにまとめて「ファイル名.spt」として保存してjmolに読み込むこともできます．複数回同じ設定をする際に便利でしょう．下記の例ではmol.fchkを読み込み，分子がよく見える角度に自動調整し，HOMOとLUMOを表示させてそれぞれjpegファイルに保存しています．これを保存してファイルを指定して開くと中のコマンド群が実行されます．

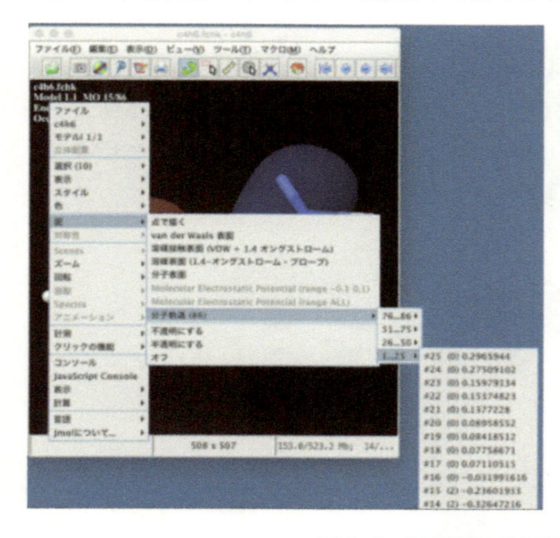


```
load mol.fchk
rotate best
mo homo
write jpg mol_homo.jpg
mo lumo
write jpg mol_lumo.jpg
```

図2　Jmolの画面とスクリプト例

分子軌道を高解像度で描きたい場合には，POV-Rayソースを出力させて，POV-Rayで画像を生成すると良いでしょう．メニューから「File」→「エクスポート」→「POV-Rayでレンダリング」を選択して現れた画面で画像の解像度等を調整してください．「アルファ透明度」にチェックを入れておくと，背景色が透明になり，PowerPoint等でグラフなど別の画像の上に軌道を配置する際に便利です．

F4. 分子振動のアニメーションを作成したい

分子振動もアニメーションを用いるともっと分かりやすくなります．以下にGaussView, jmol, pgvを用いた振動の動画を作成する手順を紹介します．

GaussView

振動数計算の出力ファイル（Gaussian）を開き，メニューの「Results」から「Vibrations」を選択し「Start Animation」ボタンをクリックすると各振動のアニメーションを見ることができます．右の「Save Movie」ボタンから「Save Movie File」を選択すると動画gifとして保存されます．

Jmol

F3と同様にJmolを起動し，振動数計算の出力ファイルを開きます．Jmolを起動させ「File」→「コンソール」でコンソールを表示させてから，振動数計算の出力ファイル（Gaussian）を開きます．Jmolで計算の各過程が個別のmodelとして扱われ，振動数にも個別にmodel No.がついています．図1ではファイルを読み込み，model 13に相当する振動数を表示させています．振動の連番画像を作成するには，以下のコマンドを実行します．

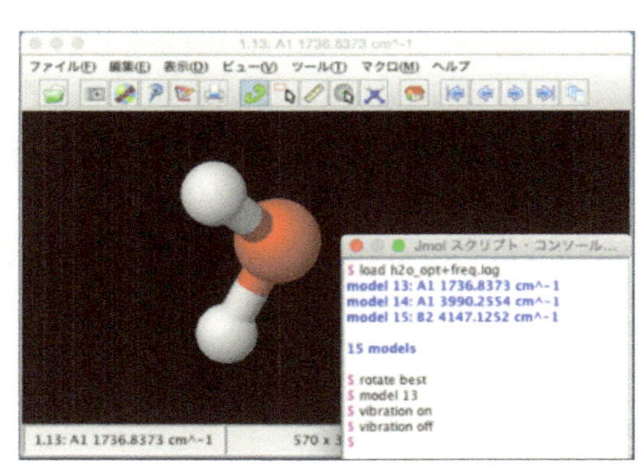

図1　Jmolの画面

```
$write vibration <n> <filename>
```

nは画像の数でn*20枚の画像が出力されるので2程度で良いでしょう．

PGV (http://goofy.ims.ac.jp/pgv/pgv_jp.htm)

マウス操作だけでなく，テキスト形式のコントロールファイルにより動作の細かなカスタマイズが可能な柔軟性の高いプログラムです．分子構造表示，分子振動のアニメーションの他，分子軌道や反応経路の可視化にも利用できます．Gaussian出力ファイルをxyzファイルに変換する必要がありますが，必要なツールはPGVのサイトに準備されています．日本語の説明が充実しています．

F5. 動力学計算のアウトプットから動画を作成するには

Jmol

ここではGaussianによるADMP，BOMDの結果をJmolを用いて可視化してみましょう．F3，F4と同様にJmolを起動し，コンソール画面も開いておきましょう．次にGaussian09の出力ファイルを開きます．

```
$ load Gaussian09ADMP.log
```

とするとトラジェクトリーのステップ数がモデル数として表示されます．右クリックするとサブメニューが表示され，「アニメーション」から項目を選択することにより動画を再生することができます．このアニメーションの連番画像を得るには次のコマンドを実行します．「500 500」は縦横のピクセル数です．必要に応じて変えてください．

```
$ write frames {*} 500 500 "frame.jpg"
```

実行するとフォルダに「frame0000.jpg, frame0001.jpg, frame0002.jpg…」と連番のついたjpeg画像が出力されます．後はF1の手順に沿って動画化します．

VMD (http://www.ks.uiuc.edu/Research/vmd/)

出力ファイルに含まれるstep数が非常に多い場合（数万step以上）などはVMDの方が扱いやすいようです．Jmolと同様に多彩な機能があります．VMDからは直接Gaussian09のトラジェクトリーを読むことができませんので出力ファイルからxyzフォーマットのファイルに変換する必要があります．xyzフォーマットの書式は1行目に分子に含まれる原子数，2行目はコメントを書き，3行目以下に「原子数　x座標　y座標　z座標」の形式で分子の座標を指定します．トラジェクトリーを表現する場合には，複数のxyz座標を空行なしで繋げます．下記はH_2O分子のxyzフォーマットファイルです．

```
3
# H2O molecule
O                    0.00    0.00    0.11
H                    0.00    0.75   -0.45
H                    0.00   -0.75   -0.45
```

F6. 分子を美しく描く方法を教えてください

高解像度で Photorealistic な分子を描きたい

計算結果を分かりやすく表示するだけでなく，分子をできるだけ美しく魅力的に表現したい場合があります．論文誌の cover art，web ページの背景など，各種パンフレットなどに用いる場合には，分子描画ソフトウェアで表示させた snapshot のみでは解像度が不足する場合もあるでしょう．

POV-Ray は無償で使用可能なレイトレーシングソフトウェアです．レンダリングする物体の形状，位置，大きさ，光源などは，全てテキストファイルにプログラムのような書式で設定するため，マウスで直感的に操作する他のレンダリングソフトウェアに比べて使いこなすのは少々大変ですが，テキストファイルである計算結果を可視化する目的にはむしろ有利と言えるでしょう．分子描画ソフトウェアの中にはレンダリングソフトウェアである POV-Ray のソースを出力可能なものがありますので，この機能を利用するのが便利です．POV-Ray ソースを出力可能な分子描画ソフトウェアには Jmol, Avogadro, Winmostar 等があります．

POV-Ray (http://www.povray.org/)

公式ホームページでは Windows 用のインストーラがダウンロード可能です．ソース・ファイルも提供されているのですが，Mac にインストールする場合には macport 等のパッケージングシステムからインストールするのが簡単です．Windows の場合には使いやすいエディタ，メニューバーのついたインターフェイスがインストールされます．POV-Ray には様々なコマンドがあり，その組み合わせで色・質感を自由に変更することが可能です．分子の他に画像に座標軸や文字列，床や空などの背景を追加するなどのカスタマイズも可能です．POV-Ray の書式についての詳細は公式ページのマニュアル等を参照してください．

図 1 はスチルベンの光異性化反応の模式図を POV-Ray を用いてアレンジしたものです．スチルベン分子は分子描画ソフトウェアの POV-Ray 出力機能を用い，他は POV-Ray にプリセットされている立体（円柱，円錐等）を組み合わせて POV-Ray のソースを作成しています．解像度は POV-Ray の実行時に指定可能です．画素数が拡大するにつれ，描画実行時間は長くなりますが，A0 に出力可能な高解像度の図表を

得ることも可能です．全てをテキストで設定するので敷居は高いですが，見栄えの良い cover art などを作成する際には強い味方となるでしょう．

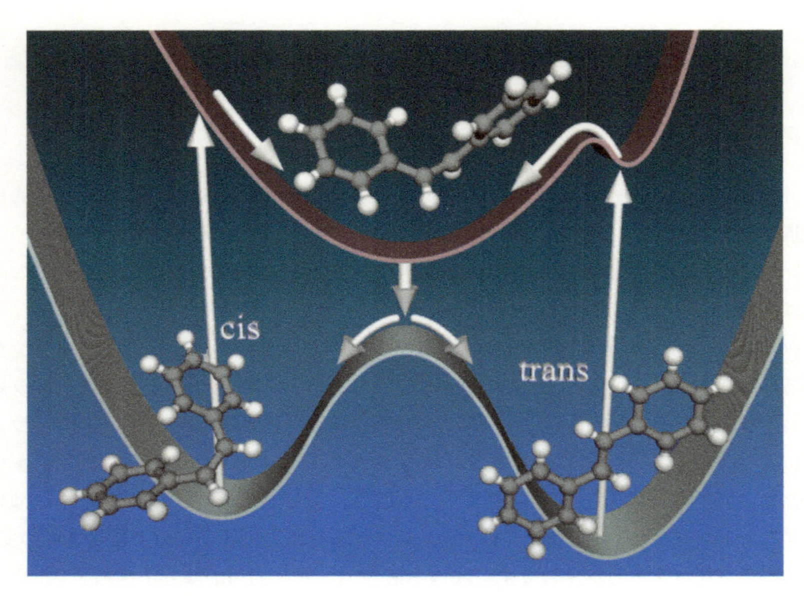

図 1　POV-Ray を用いた graphical abstract の例（スチルベンの光異性化）

球棒モデルを線画的に描きたい

論文に用いる分子の絵では Photorealistic な描画よりも，教科書の挿し絵にあるような線画的な描画が適している場合もあります．GaussView で画像を保存する場合に eps を選択し，ファイルを Illustrator 等の eps を編集可能なソフトェアで開くと，原子，結合，元素記号の文字等が全て個別に編集可能になります．背景と枠線を削除すると見栄えの良い高品質な図を作成できます．eps はベクトルデータですので画像を拡大しても劣化しません．線画的な描画で eps を出力可能なソフトウェアには他に ORTEP-III, prax 等があります．prax は直接 eps を出力しませんが，表示させた分子をコピーして illustrator に貼付けると編集可能になります．

・ORTEP-III（http://www.chem.gla.ac.uk/~louis/software/ortep/）
・PRAX（http://www.vector.co.jp/ で取得可能）

G フリーソフトGAMESSの使い方と特徴

GAMESS プログラムの入手法

GAMESS はアイオワ州立大学の Gordon と Schmidt らによって開発され，無償配布されています．GAMESS では Gaussian と同様に分子の電子状態を HF 法や DFT 法などで，1点計算や構造最適化，振動解析まで行うことができます．さらに，post HF 計算である MP2 法や CCSD 法，多配置波動関数に基づいた理論（MCSCF 法）による計算もできます．励起電子状態の計算には EOM-CC 法や MRMP2 法が使えます．並列化計算も可能です．

http://www.msg.chem.iastate.edu/GAMESS/GAMESS.html の "How to get GAMESS" から入手方法が記載されているページに飛びます．このページでライセンスに同意したあと，登録用フォームに自分のメールアドレスと必要なバージョンを書き込んで "Submit Request" ボタンをクリックします．初回のダウンロードでは，氏名や所属機関などの登録情報も求められます．送信してしばらくすると，ダウンロード・サーバとユーザー名，パスワードが記載されたメールが届きます．サーバにアクセスし，必要なバージョン（バイナリファイル・ソースコード）をダウンロードします．Windows(64bit) 版などでは，様々なバイナリが用意されており，どれをダウンロードすれば良いか迷ってしまうかもしれませんが，特にこだわりがなければ太字で書かれたものを選ぶと良いでしょう．

プログラムの概要とコンパイル

Windows バイナリ版をインストールするには，ダウンロードしたインストールファイル（msi）を実行してください．インストール・ディレクトリを指定して Next をクリックしていき，最後に Install をクリックします．「次の不明な発行元・・・」と書かれたウィンドウが現れた場合には，「はい」をクリックしてください．このほかに，並列計算で利用する MS-MPI をインストールする必要があります．以下のページからダウンロードできます．

http://www.microsoft.com/ja-jp/download/details.aspx?id＝14737

Linux にインストールする場合は，コンパイルをする必要があります．以下，執筆時点での GAMESS のコンパイル法を述べていきます．ただし，GAMESS は常に開発途上であり，バージョンによって異なる場合があるので，注意してください．

1. ファイルを解凍する

GAMESS をコンパイルするディレクトリに，ダウンロードしたファイルを置いて，以下のコマンドを実行します．

```
$ gtar -zxvf gamess-current.tar.gz
```

解凍後，gamess ディレクトリが作成されます．

2. 設定ファイル install.info を作成する

gamess ディレクトリに移動して，中にある実行ファイル config を実行します．

```
$ cd gamess
$ ./config
```

様々な質問を尋ねられるので，それに回答していくと設定ファイルができあがります．コンピュータの環境によりますが，代表的な質問に対する回答を挙げます（環境によっては質問されないものもあります）．

・コンピュータの種類（target machine name）

Intel の CPU と Linux を使っている場合は，"linux64" を選びます

・FORTRAN コンパイラの選択

Linux マシンの場合，インストールされている FORTRAN コンパイラを選択してください．筆者の感覚では，Intel のコンパイラを持っていれば ifort を選ぶと高速な実行が可能ですが，たまに計算に失敗する場合があるようです．商用のコンパイラがなければ gfortran または g77 を選びます．

・数値計算ライブラリ（standard math library）の選択

線形代数演算のプログラムが GAMESS にも付属していますが，マシンに最適化されたライブラリを利用する方がずっと高速に計算できます．特に Intel の CPU では MKL が高速なので，インストールされている場合にはこれを利用すると良いでしょう．何も持っていない場合は "none" を選んでも続けられますが，ACML や ATLAS などフリーで利用できるものを使う方がずっと高速です．

・通信ライブラリ（communication library）の選択

計算機センターのコンピュータなど，高速な通信が可能で MPI がインストールされているコンピュータでは，mpi を選択すると良いでしょう．そうでない場合は，sockets を選びます．

・LIBCCHEM の利用

nVIDIA の GPU を利用していて，興味がある場合には yes を選択しても良いですが，通常は no で問題ありません．

3. コンパイルする

まず，通信用のライブラリをコンパイルします．以下のコマンドを実行します．

```
$ cd ddi
```

```
$ ./compddi >& compddi.log
$ mv ddikick.x ../
```

通信にMPIを利用している場合は，ddikick.xは使わないので最後のコマンドは省略します．次に，gamessディレクトリに戻って，compallコマンドを実行します．

```
$ cd ..
$ ./compall >& compall.log &
```

コマンドの最後の&はバックグランドでジョブを実行することを意味しています(compallは長時間かかります)．ジョブが終了するまで，次のリンクの操作に進まないでください．なお，コンパイルの様子はtailコマンドを使って，例えば，"tail -f compall.log"で見ることができます．

4. 実行ファイルのリンクを作る

gamess.00.xという実行ファイルを作成する場合

```
$ ./lked gamess 00 >& lked.log
```

コンパイルとリンクを実行する際には，ログ(compall.logやlked.log)をとっておきましょう．コンパイルやリンクに失敗したとき，つまり，実行ファイルが作成されない場合に，ログを読むことで理由を見つけることができます．大抵の場合，パスがきられていないか，ソースファイルのコンパイルに失敗していることが多いようです．また，OSやコンパイラの種類によってはインストールまでに上記の手続きだけでは不十分な場合もあります．

ここで説明したコンパイルの方法などはgamess/PROG.DOCの"installation overview"とgamess/misc/readme.unixに記載されています．また，下記のファイルにはGAMESSの様々な情報が記載されていますので，目を通すことを勧めます．

gamess/INTRO.DOC	GAMESSの概要
gamess/INPUT.DOC	インプットオプションの説明
gamess/TESTS.DOC	インプットの見本集
gamess/REFS.DOC	計算方法の説明とその論文リスト
gamess/PROG.DOC	GAMESSのプログラム設計について
gamess/IRON.DOC	ハードウェアごとの説明

なお，GAMESSを利用して得た結果を公表する場合，下記を引用してください．

・M. W. Schmidt, K. K. Baldridge, J. A. Boatz, S. T. Elbert, M. S. Gordon, J. J. Jensen, S.

Koseki, N. Matsunaga, K. A. Nguyen, S. Su, T. L. Windus, M. Dupuis, J. A. Montgomery, *J. Comput. Chem.*, **14**, 1347-1363 (1993).
・M. S. Gordon, M. Schmidt, in "Theory and Applications of Computational Chemistry, the first forty years," C. E. Dykstra, G. Frenking, K. S. Kim, G. E. Scuseria ed. (Elsevier, Amsterdam, 2005), pp. 1167-1189.

計算の実行方法

Windows 版の場合は，GUI と併用することが多いでしょう．例えば Winmostar の場合は，[その他] － [パスの指定] － [(1)GAMESS] をクリックして GAMESS の実行ファイルを指定すると，[計算1] メニューから GAMESS を実行することができます．

Linux の場合は，インストールしたディレクトリに実行のためのシェルスクリプト (rungms) が用意されているのですが，これを編集する必要があります．例えば，GAMESS の実行ファイル (gamess.00.x や ddikick.x) が /usr/local/gamess にインストールされ，/work/$USER をワークディレクトリに使う場合，rungms の上の方にある該当箇所を以下のように編集します．

```
set TARGET=sockets
set SCR=/work/$USER
set USERSCR=~$USER/scr
set GMSPATH=/usr/local/gamess
```

また，同一ノード内の並列計算を行う場合には，以下の箇所を適切に変更します．

```
#       2. This is an example of how to run on a multi-core SMP enclosure,
#          where all CPUs (aka COREs) are inside a -single- NODE.
#     At other locations, you may wish to consider some of the examples
#     that follow below, after commenting out this ISU specific part.
  if ($NCPUS > 1) then
    switch (`hostname`)
      case se.msg.chem.iastate.edu:
(中略)
      default:
        set NNODES=1                                            追加
        set HOSTLIST=(`hostname`:cpus=$NCPUS)                   追加
#        echo I do not know how to run this node in parallel. コメントアウト
#        exit 20                                          コメントアウト
    endsw
  endif
```

ノード間並列を行う場合や MPI を利用する場合，ジョブスケジューラを利用する場合などは，これらの設定だけではうまく行かない場合もあります．詳しくは rungms の最上部にある注意書きを読んでください．また，計算を実行するユーザーのホームディレクトリに scr というディレクトリが必要です．以上の設定を済ませると，次のコマンドで実行できます．

```
$ rungms sample1 00 4 > sample1.log &
```

この例では，インプットファイル sample1.inp に対して，実行ファイル gamess.00.x を用いて，4 CPU コアを使用して計算を実行し，アウトプットファイル sample1.log に結果を出力することを指定しています．GAMESS は指定したアウトプットファイルの他に，.dat や .irc 等の拡張子がついたファイル（上の例では sample1.dat など）が ~/scr ディレクトリ内にできます．これらのファイルには主要な計算結果がまとめて出力されています．ジョブを流すときにすでにこれらのファイルが ~/scr に存在しているとエラーで計算が流れません．再計算をするときには忘れずに消すようにしましょう．

ddikick は System V のライブラリを通してメモリを使用しますが，このルーチンを通したメモリ使用量の上限が小さく設定されている場合，ジョブが走らないことがあります．Linux では，

```
DDI Process 0: shmget returned an error.
```

というエラーですぐにジョブが止まります．このエラーが出たときはメモリ使用量の上限を増やす設定が必要です．例えば，Linux では次のコマンドでメモリ使用量の上限が確認できます．

```
$ /sbin/sysctl -a | grep shmmax
```

この値が数十 MB 程度に設定されているのであれば，GAMESS の計算には足りません．これを再設定するには root でログオンし，例えば，

```
$ /sbin/sysctl -w kernel.shmmax=536870912
```

とすると 500MB まで使えるようになります．搭載しているメモリ量の範囲内で指定してください．詳細は gamess/ddi/readme.ddi に記載されています．

インプットファイルの構成

ここでは GAMESS のインプットの作り方，アウトプットの読み方について解説します．図 1 は RHF 法で基底関数に 6-31G(d, p) を用いて水分子のエネルギー計算を行うインプットです．

```
 $CONTRL RUNTYP=ENERGY SCFTYP=RHF MULT=1 MAXIT=100 UNITS=ANGS $END
 $SYSTEM TIMLIM=10000 MWORDS=30 MEMDDI=10 $END
 $BASIS  GBASIS=N31 NGAUSS=6 NPFUNC=1 NDFUNC=1 $END
```

```
 $GUESS  GUESS=HUCKEL $END
 $DATA
H2O RHF/6-31G(D,P) ENERGY
CNV  2                                    対称性（Cnv，n=2 なので C2v）
                                          （対称性が C1 以外の時は空白行）
O  8.0   0.00   0.00   0.00               ラベル，原子番号，x，y，z
H  1.0   0.87   0.00   0.50
 $END
```

図1　GAMESSのインプットファイル

見た目はGaussianと比べてやや複雑になりますが，見方がわかれば難しいものではありません．基本構造は，"$GROUP KEYWORD＝OPTION $END" というように$GROUPで始まるグループに対してオプションを指定し，$ENDで終わるというものです．$GROUPの前には必ずスペース（空白）が1つ必要で，$が2文字目にない場合には，そのグループの入力は無視されてしまいます．GROUPは機能ごとに決められており，各GROUPには様々なOPTIONを取りうるKEYWORDが用意されています．GROUPの順番に特に決まりはありません．以下に$DATA以外を順に説明します．

$CONTRL

RUNTYP	計算目的の指定．(RUNTYP＝)ENERGYでエネルギー計算を行います．他にはOPTIMIZE(構造最適化)，HESSIAN(振動解析)がよく使われます．
SCFTYP	波動関数の種類．単配置理論を使う場合，閉殻系はRHF，開殻系ではUHFまたはROHFを指定します．多配置SCF計算の場合には，MCSCFとします．
ICHARGE	分子の電荷の指定．デフォルトは0(中性)．
MULT＝N	スピン多重度の指定（D2参照）．N重項を指定したことになります．
MAXIT	SCF計算の繰り返し過程の最大回数．デフォルトは30.
UNITS	入力座標の単位．ANGS(Å)またはBOHR(ボーア)．

$SYSTEM

TIMLIM	制限計算時間（分）．デフォルトは525600分（365日）．
MWORDS	メモリー使用量（メガワード＝MW）．デフォルトは1．なお1MWは8MB.
MEMDDI	並列計算での共有メモリー使用量（MW）．N台並列計算の場合，1台の使用量は，(MWORDS)＋(MEMDDI)/Nとなります．

$BASIS　基底関数の指定．図1のインプットでは6-31G(d,p)を指定しています．GAMESSの基底関数の指定法については，p.202を参照してください．

$GUESS

GUESS　初期波動関数の指定．(GUESS＝)HUCKELでヒュッケル計算のMOを用います．MOを読み込むときはMOREADとします．

なお，$GROUPから$ENDは複数行にまたがっても構いません．

$DATAは分子の構造を入力する箇所で複数行にまたがります．最初の行(H2O RHF…)はタイトルです．2行目は対称性の指定で，この例はC_{2v}を指定しています．3行目に空行(必須！)があり，4行目以降は分子座標です．分子座標の入力はデカルト座標かZ-matrixで行います．デカルト座標は原子ラベル，原子番号，x，y，zの順で指定します．水素が1つしかないのはGAMESSでは分子構造が指定された対称性になるよう自動的に原子が追加されるためです．$DATAは良く入力ミスをする箇所なので，注意点を列記すると：

1. 3行目の空行は，対称性をC_1(C1)に指定したときは必要ありません．
2. 既約表現ごとに分子面・分子軸の取りかたに約束があります．C_{2v}の場合，分子面はxz平面，分子軸はz軸でなければなりません．他の対称性については，マニュアル(INPUT.DOC)を参照してください．
3. 分子座標の単位はbohr単位とÅ単位をよく間違えます．$CONTRLのUNITSキーワードで切り替えられます．デフォルトはÅです．
4. 原子の種類は原子ラベルでなく，原子番号で決まります．したがって，例えば原子番号だけを両方8.0にすると，オゾン(O_3)を計算したことになります．しかし，アウトプットにはO，H，Hの原子ラベルが並び，見かけ上あたかも水分子のようになるため大変危険です．本来，この機能は2つの酸素があるときに，O1，O2などと区別することで，アウトプットを見やすくするためのものです．

Z-matrixによる入力は図2のようになります．$CONTRLグループにCOORD＝ZMTと指定し，$DATAにZ-matrixを入力します．この場合，原子ラベルが直接原子の種類を表します．図1，図2はどちらも結合長1.0 Å，結合角120度の水分子を初期構造としていますが，Z-matrixで作る方が明らかに簡単です．

```
 $CONTRL RUNTYP=ENERGY SCFTYP=RHF MULT=1 COORD=ZMT $END
(中略)
```

```
 $DATA
H2O RHF/6-31G(D,P) ENERGY
CNV 2
      (空白行)
O
H  1  r1
H  1  r1  2  a1
      (空白行)
r1=1.0
a1=120.0
 $END
```

図2　Z-matrix による入力

GROUP，KEYWORD，OPTION に関する説明は INPUT.DOC にあります．

アウトプットファイルの見方

図1のインプットを使って計算した結果のうち，重要な部分について解説します．まず，SCF 計算の全エネルギーは "FINAL" で検索すると次のように簡単に見つけることができます．

```
FINAL RHF ENERGY IS    -76.0099746167 AFTER   10 ITERATIONS
```

また，"EIGENVECTORS" で検索すると，次のように分子軌道が表示されます

```
          ------------
          EIGENVECTORS                                      分子軌道
          ------------

                  1          2          3          4          5     軌道番号
              -20.5575    -1.3053    -0.7020    -0.5294    -0.4864 軌道エネルギー
                 A1         A1         B1         A1         B2     軌道の対称性
  1  O  1  S   0.994684  -0.212668   0.000000   0.061616   0.000000   MO 係数
  2  O  1  S   0.020978   0.479479   0.000000  -0.136181   0.000000
  3  O  1  X   0.000000   0.000000   0.487857   0.000000   0.000000
  4  O  1  Y   0.000000   0.000000   0.000000   0.000000   0.637484
  5  O  1  Z   0.001277   0.062455   0.000000   0.568058   0.000000
(以下略)
```

GAMESS では，以下のように電荷解析に関する多くの情報が表示されます．

```
          ----------------------------------------
          MULLIKEN AND LOWDIN POPULATION ANALYSES          電子密度解析
          ----------------------------------------
(中略)
```

```
     ----- POPULATIONS IN EACH AO -----       各基底関数に対する占有数
                          MULLIKEN      LOWDIN
         1  O  1  S        1.99533     1.97743
         2  O  1  S        0.89065     0.68716
         3  O  1  X        0.76293     0.67633
         4  O  1  Y        1.14083     1.11165
         5  O  1  Z        0.96293     0.91340
（中略）
      TOTAL MULLIKEN AND LOWDIN ATOMIC POPULATIONS              各原子の電荷
   ATOM          MULL.POP.    CHARGE          LOW.POP.     CHARGE
 1 O             8.722046   -0.722046         8.515060   -0.515060
 2 H             0.638977    0.361023         0.742470    0.257530
 3 H             0.638977    0.361023         0.742470    0.257530

      -------------------------------                       結合次数
      BOND ORDER AND VALENCE ANALYSIS     BOND ORDER THRESHOLD=0.050
      -------------------------------

                   BOND                        BOND                        BOND
 ATOM PAIR DIST   ORDER      ATOM PAIR DIST   ORDER      ATOM PAIR DIST   ORDER
   1    2  1.003  0.856        1    3  1.003  0.856
```

"POPULATIONS IN EACH AO" と出力された後に，各原子軌道の占有数（Gross orbital populations）が出力されます．左の列から，基底関数の番号，原子のラベル，原子の番号，基底関数のタイプ，Mulliken と Löwdin による密度解析の結果です．"TOTAL MULLIKEN AND LOWDIN ATOMIC POPULATIONS" の後に表示されているのが，Mulliken と Löwdin の原子電荷です．さらに，"BOND ORDER AND VALENCE ANALYSIS" の後に，Mayer による結合次数解析が出力されます．上の例では，結合距離 1.003 Å の原子 1(O) と原子 2(H) の間の結合次数は 0.856 となっています．さらに，"ELECTROSTATIC MOMENTS" の後に双極子モーメントが以下のように出力されます．

```
      ---------------------
      ELECTROSTATIC MOMENTS
      ---------------------

 POINT   1            X            Y             Z (BOHR)    CHARGE
                  0.000000     0.000000     0.105744        0.00 (A.U.)
        DX            DY           DZ           /D/  (DEBYE)
    0.000000      0.000000     1.921033     1.921033          双極子モーメント
```

なお，GAMESSでは通常のアウトプットファイルの他に拡張子.datが付いたパンチファイルが生成されます．このファイルは，Gaussianの.fchkのようなもので，再計算に利用できる情報（分子軌道など）がテキスト形式で格納されています．

ここでGAMESSで実行可能な計算手法と解析的Hessian，勾配の実装状況をまとめておきます（表1）．

表1　GAMESSで実行可能な主な計算手法（2014年12月現在）

理論	解析的Hessian (Freq)	解析的勾配 (Opt)	エネルギーのみ
HF	RHF, ROHF	UHF	
DFT		RDFT, UDFT, RODFT	
MP法		MP2	
CI法		CI (RHF参照)	CI (UHF参照)
CC法			CCSD, CCSD(T)
MCSCF法	MCSCF		MRMP2

構造最適化計算

GAMESSでは，$CONTRLグループのRUNTYPにOPTIMIZEを指定すれば，エネルギー極小構造の最適化が，SADPOINTを指定すれば遷移状態構造の最適化ができます．

B7節で行った水分子の構造最適化計算をGAMESSを用いて行うインプットは，図1のインプットを元にして以下のように$CONTRLを変更し，$ZMATと$STATPTグループを追加することで作成できます．

```
 $CONTRL RUNTYP=OPTIMIZE SCFTYP=RHF MULT=1 MAXIT=100 UNITS=ANGS
         NZVAR=3 $END
 $ZMAT   DLC=.TRUE. AUTO=.TRUE. $END
 $STATPT NSTEP=100 $END
```

$STATPTは構造最適化計算のオプションを指定するグループで，NSTEPは構造最適化計算の最大繰り返し回数です（デフォルトは50）．$CONTRLグループのNZVARは，構造最適化計算で使用する内部座標の数を表しており，通常は分子の自由度の数（N原子非直線分子では$3N-6$，直線分子では$3N-5$）を与えておきます．0を指定すると（0はデフォルトです），分子をZ-matrixで入力した場合であっても，構造最適化にデカルト座標が用いられます．$ZMATグループでDLC=.TRUE.とAUTO=.TRUE.を指定すると，自動的に適切な内部座標を選んで構造最適化が行われます．デカルト座標での構造最適化は，C2でも述べたとおり一般的に遅いので，これらのオプションを利用することをお勧めします．

GAMESSのアウトプットには最適構造が以下の箇所に出力されます：

```
     ***** EQUILIBRIUM GEOMETRY LOCATED *****
 COORDINATES OF SYMMETRY UNIQUE ATOMS (ANGS)
   ATOM   CHARGE       X              Y              Z
 ------------------------------------------------------------
 O          8.0   0.0000000000   0.0000000000   0.0075814502
 H          1.0   0.7530016833   0.0000000000  -0.5601615426
(中略)
                    --------------------
                    INTERNAL COORDINATES
                    --------------------

                - - ATOMS - -          COORDINATE      COORDINATE
 NO.   TYPE    I  J  K  L  M  N        (BOHR,RAD)       (ANG,DEG)
 ------------------------------------------------------------------
   1 STRETCH   1  3                    1.7821064       0.9430502
   2 STRETCH   1  2                    1.7821064       0.9430502
   3 BEND      2  1  3                 1.8495146     105.9693804
```

アウトプットは長いので，"LOCATED"でキーワード検索すると便利です（見つからない場合は，最適化計算が終了していません）．内部座標で構造最適化が行われている場合には，INTERNAL COORDINATESの後に最適化された内部座標が表示されます．この場合，最適構造の結合長・結合角は0.943 Å，106.0度と求まっています．また，UNIXコマンドのgrepを用いてアウトプットファイルの中の" NSERCH"（最初にスペースが2つあります）というキーワードのある行を抜き出すと，

```
$ grep "  NSERCH" xxx.log
    NSERCH=  0     ENERGY=      -76.0099746
    NSERCH=  1     ENERGY=      -76.0214391
    NSERCH=  2     ENERGY=      -76.0235559
    NSERCH=  3     ENERGY=      -76.0236146
    NSERCH=  4     ENERGY=      -76.0236150
```

のように，最適化の各ステップでのエネルギーが見られます．このコマンドは，なかなか最適化計算が終わらない時に，途中経過がどうなっているかを調べるのに便利です．なお，構造最適化の収束判定しきい値（C1参照）は，GAMESSではデフォルトで10^{-4} hartree/bohrに設定されており，$STATPTグループのOPTTOLキーワードにより変更可能です．

上の例では構造最適化に利用する座標を自動的に生成しましたが，分子の二量体など構造が離れているものを計算する場合などでは，うまく生成できない場合があ

ります．この場合，$ZMAT で NONVDW キーワードを利用するのが便利です．これを用いてフッ化水素二量体の構造最適化計算を実行する例がウェブページにありますので，参考にしてください．

また，C3 や C11 で行った制限付き構造最適化計算を GAMESS で実行するには，$STATPT グループの IFREEZ キーワードか，$ZMAT グループの IFZMAT キーワードを利用します．こちらについても，C3で検討した CH_2OH^+ の制限付き構造最適化計算を GAMESS で実行するインプット例をウェブページに載せましたので，参考にしてください．

GAMESS で解析的勾配が計算できない手法(CC法など)を用いて構造最適化計算を行いたい場合は，C2で説明した数値微分を利用することが可能です．GAMESS は自動では数値微分計算を行わないので，このような計算を実行する際には $CONTRL グループで NUMGRD=.TRUE. というオプションを追加してください．

振動数解析

振動数解析は，$CONTRL グループで RUNTYP=HESSIAN とすれば実行されます．アウトプットは図3のようになります．Gaussian と同様，振動数解析の後に熱力学量が表示されます．振動数は，"FREQUENCIES" でキーワード検索すると見つかります．GAMESS では9(= 3N)個のモードが出力されますが，このうち最初の6個は並進・回転に対応するモードです．7番目以降のモードが振動モードになります．この例では，7，8，9番目のモードはそれぞれ変角，対称伸縮，逆対称伸縮振動です．振動数，IR 強度と基準振動ベクトルが求まっています．熱力学量のアウトプットは，図3を参照してください．

```
     FREQUENCIES IN CM**-1, IR INTENSITIES IN DEBYE**2/AMU-ANGSTROM**2,
     REDUCED MASSES IN AMU.

                          1           2           3           4           5
       FREQUENCY:       11.43       10.63       10.04        0.01        0.14
(中略)
                          6           7           8           9
       FREQUENCY:        0.62     1769.60     4147.67     4264.69
        SYMMETRY:         B2          A1          A1          B1
  REDUCED MASS:      4.86843     1.08309     1.04478     1.08331
  IR INTENSITY:      0.03042     2.47540     0.38564     1.37008
```

```
  1  O          X  0.00000000  0.00000000  0.00000000 -0.06818766
                Y  0.23002478  0.00000000  0.00000000  0.00000000
                Z  0.00000000 -0.06809250  0.04858293  0.00000000
  2  H          X  0.00000000 -0.40909411 -0.57337587  0.54109349
                Y  0.27612830  0.00000000  0.00000000  0.00000000
                Z  0.00000000  0.54033960 -0.38552322  0.40797034
  3  H          X  0.00000000  0.40909411  0.57337587  0.54109349
                Y  0.27612830  0.00000000  0.00000000  0.00000000
                Z  0.00000000  0.54033960 -0.38552322 -0.40797034
(中略)
     ------------------------------
     THERMOCHEMISTRY AT T=  298.15 K        温度298.15 Kにおける熱力学量計算
     ------------------------------

 USING IDEAL GAS, RIGID ROTOR, HARMONIC NORMAL MODE APPROXIMATIONS.
 P=  1.01325E+05 PASCAL.                   気圧(GAMESSでは1気圧に固定)
(中略)
 THE ROTATIONAL CONSTANTS ARE (IN GHZ)                              回転定数
    875.07653    441.78635    293.57412
 THE HARMONIC ZERO POINT ENERGY IS (SCALED BY   1.000)      零点エネルギー補正
        0.023196 HARTREE/MOLECULE      5090.977269 CM**-1/MOLECULE
       14.555849 KCAL/MOL                60.901672 KJ/MOL
(中略)
                E         H         G        CV        CP         S
             KJ/MOL    KJ/MOL    KJ/MOL   J/MOL-K   J/MOL-K   J/MOL-K
 ELEC.       0.000     0.000     0.000     0.000     0.000     0.000
 TRANS.      3.718     6.197   -36.975    12.472    20.786   144.800
 ROT.        3.718     3.718    -9.186    12.472    12.472    43.282
 VIB.       60.906    60.906    60.901     0.119     0.119     0.016
 TOTAL      68.343    70.822    14.740    25.062    33.376   188.098
左から順に内部エネルギー，エンタルピー，Gibbsの自由エネルギー，定積モル比熱，
定圧モル比熱，エントロピーの各補正値を電子・並進・回転・振動の内訳ごとに表示．
直後にkcal/mol単位で同じ出力があります．
```

図3　水分子の振動数解析のアウトプット(GAMESS)

GAMESSでは，熱力学計算の温度を，$FORCEグループのTEMPキーワードに最大10個指定できます．

```
$FORCE TEMP(1)=1000, 800, 600, 400 $END
```

こうすることで，1000 Kから200 Kおきに400 Kまでの熱力学量を1つのジョブで計算するので，温度依存性を見たいときには重宝する機能です．GAMESSでは圧力は1気圧以外を指定できません．また，標準でない同位体元素に対する計算を行う

場合は，$MASS グループの AMASS キーワードを使用します．例えば，

```
$MASS AMASS(2)=2.0140 $END
```

とすれば，2番目の原子の質量を 2.014 amu，すなわち重水素にすることを意味します．GAMESS の場合は質量を正しく指定しなければいけません．

すでに一度振動数解析を行っていて，同位体置換や温度の変更をした計算を行いたい場合は，以前の計算のパンチファイル（dat）に出力されている $HESS を利用できます．図4の例のように，$HESS ～ $END をそのまま貼り付けることで，以前の計算で作られた Hessian 行列を再利用することができます．

```
 $CONTRL RUNTYP=HESSIAN SCFTYP=RHF MULT=1 UNITS=ANGS $END
 $BASIS GBASIS=N31 NGAUSS=6 NPFUNC=1 NDFUNC=1 $END
 $FORCE RDHESS=.TRUE. $END                      Hessian 行列を読み込むオプション
 $MASS AMASS(2)=2.0140,2.0140 $END                    2,3番目の原子の質量を指定
 $DATA
D2O RHF/6-31G(D,P) FREQUENCY
CNV  2

O          8.0   0.0000000000   0.0000000000   0.0075814502
H          1.0   0.7530016833   0.0000000000  -0.5601615426
 $END
 $HESS                                               .dat の $HESS を貼り付ける
ENERGY IS      -76.0236150193 E(NUC) IS       9.3295179467
 1  1 8.18727602E-01-1.00266337E-16 0.00000000E+00-4.09363725E-01 5.01330774E-17
(中略)
 $END
```

図4　2つの水素を重水素置換した水分子の振動数の再計算インプット

この $HESS グループは，遷移状態構造の最適化で用いる初期 Hessian などにも利用できます．これを用いた遷移状態最適化と IRC 計算の入力例はウェブページにありますので，参照して下さい．

なお，GAMESS の振動数解析計算では，入力構造が停留点（安定構造や遷移状態）でない場合には，次のような警告がいたるところに出力されます

```
***********************************************************
* THIS IS NOT A STATIONARY POINT ON THE MOLECULAR PES *
*     THE VIBRATIONAL ANALYSIS IS NOT VALID !!!          *
***********************************************************
```

これを見た場合は，インプットの構造が正しいかチェックしましょう．

基底関数の指定

GAMESSでは$BASISグループで基底関数を指定します．Gaussianのように基底系の名称をそのまま指定するのではなく，特殊な記述法がありますので，以下に主要な基底関数について，その指定の仕方を列記します．基底関数そのものの種類と特徴については，A3を参照してください．

・3-21G，6-31G(d)，6-311++G(2df,2p)など

GBASISキーワードには，"N"に続いてハイフンの後ろの数字を書きます．ハイフンの前の数字はNGAUSSに指定します．また，水素とヘリウムの分極関数は，NPFUNCに追加するp関数の数を，それ以外の原子の分極関数は，NDFUNCとNFFUNCに追加するd関数，f関数の数を入力します．さらに，水素の分散関数は"DIFFS=.TRUE."，それ以外の原子の分散関数は"DIFFSP=.TRUE."を追加して指定できます．いくつか例示します．

3-21G:	$BASIS GBASIS=N21 NGAUSS=3 $END
6-31G(d):	$BASIS GBASIS=N31 NGAUSS=6 NDFUNC=1 $END
6-311++G(2df,2p):	$BASIS GBASIS=N311 NGAUSS=6 NDFUNC=2 NFFUNC=1 NPFUNC=2 DIFFSP=.TRUE. DIFFS=.TRUE. $END

・cc-pVDZ，aug-cc-pVTZなど

例えばcc-pVDZ基底を使う場合は，以下のように指定します．

```
$CONTRL ISPHER=1 $END
$BASIS  GBASIS=CCD $END
```

GBASISにCC*X*（*X* = D, T, Q, 5, 6）を指定すると，cc-pV*X*Zが使用されます．分散関数を含むaug-cc-pV*X*Zの場合はGBASIS=ACC*X*となります．これらの基底関数は，球面調和型関数（Gaussianだと5D，7Fに対応）を利用することを前提に開発されています．GAMESSでは，デカルト型関数（6D，10F）を使用するのがデフォルトとなっているので，球面調和型関数を使用するオプション"ISPHER=1"を$CONTRLグループに追加しています．

GAMESSに組み込まれていない基底関数は，$DATAの各原子の後にBasis Set Exchange(C7参照）などで得た基底関数を挿入することにより利用できます．しかしこのやり方は面倒な上に，インプットが分かりにくくなるので，外部ファイルに基底関数の情報を書いておき，これを読み込んで利用する方法がお勧めです．外部基底関数ファイルの例がgamess/auxdata/BASESディレクトリの中にあるので，参考にして下さい．基本的には，元素ごとにBasis Set Exchangeなどで得られるデータをそのまま貼りますが，元素記号の後ろにラベル名を書きます．各元素の基底関数の終わ

りには，空行が必要です．このファイルを環境変数EXTBASGMSに絶対パスで指定します：

```
$ setenv EXTBASGMS /home/user/script/basis
```

インプットファイルの$BASISグループに"EXTFIL=.T. GBASIS=XXX"(XXXは基底関数のラベル名）とすることで，外部基底関数ファイルに書かれた基底関数を使用することができます．

ECP・MCPの利用

GAMESSでもD6で説明したECPが利用できます，組み込まれているのはHay-Wadt (HW)(LanL2DZと同じですが，Neまでの原子に用いられる全電子基底がGaussianと異なるので注意してください）とStevens-Basch-Krauss-Jasien-Cundari (SBKJC) の2種類です．例えばHWを利用する場合は,

```
$CONTRL PP=HW $END
$BASIS  GBASIS=HW $END
```

とします．GAMESSに組み込まれていないECPを利用する場合は，$CONTRLグループでPP=READとし，Basis Set Exchangeなどで得たECPのデータを$ECPグループに貼り付けます．GAMESSでは，同種の元素も含めて全ての原子にECPを指定しなくてはなりません．ECPを用いない原子には，NONEというラベルだけをダミーで付けます．C7で示したCuCOの計算をGAMESSで実行するためのインプットをウェブページに載せたので，参照してください．

GAMESSにはさらに，同種の手法で，価電子軌道の節構造を正しく考慮できるモデル内殻ポテンシャル (MCP) 法も実装されています．例えばDZPクオリティのMCPを利用する場合は，以下のように指定します．

```
$CONTRL PP=MCP ISPHER=1 $END
$BASIS  GBASIS=MCP-DZP $END
```

計算手法の指定

GAMESSでは，計算法を$CONTRLグループで指定しますが，Gaussianのようにキーワードをただ入力するだけでは済みません．ここまでは主にHartree-Fock計算のインプットを示してきましたが，以下に各計算法を使用する場合の指定の仕方を記載します．なお，参照とする軌道の構築法 (RHF，UHF，ROHF) は，SCFTYPで指定します．

1. DFT法

$CONTRL グループの DFTTYP キーワードに交換相関汎関数を指定すると，DFT 計算を実行できます．BLYP や M06-2X，PBE0(Gaussian では PBE1PBE) など，主要な汎関数が利用できるほか，Gaussian には実装されていない OP 相関汎関数 (BOP，LCBOPLRD など) も使えます．また，例えば LC-BOP 汎関数のような長距離補正 (LC) 汎関数を使う場合は，"DFTTYP=BOP" とし，さらに $DFT グループに "LC=.TRUE." を指定します．一点注意ですが，"DFTTYP=B3LYP" とすると，Gaussian の B3LYP とは異なる汎関数が利用されます．Gaussian と同じものを使用する場合は，B3LYPV1R を指定しなくてはなりません．

2. MP法

GAMESS で計算できるのは MP2 だけで，$CONTRL グループで "MPLEVL=2" と指定します．MP2 法で過大評価されがちな分散力を簡便に補正する SCS-MP2 法が実装されており，MP2 計算を行うと SCS-MP2 エネルギーも出力されますが，$MP2 グループで "SCSPT=SCS" を指定することにより構造最適化も可能になります．

3. CC法

$CONTRL グループで，"CCTYP=CCSD" とすると CCSD，"CCTYP=CCSD(T)" とすると CCSD(T) 計算ができます．さらに，励起状態やイオン化状態を計算する EOM-CC 法 (C9 参照) も実装されています．ただし，CC 計算を並列計算機で流す場合は，$SYSTEM の MEMDDI に大きな値を設定する必要があります．GAMESS には，静的電子相関を簡易的に取り込む CR-CCSD(T) 法なども実装されています．

4. CI法

GAMESS では，Gaussian に比べて非常に柔軟な指定が可能な CI プログラムが実装されています．例えば，CIS 法による励起状態計算を行うには，$CONTRL グループに "CITYP=CIS" を指定します．高次の CI 計算については，GAMESS のマニュアルを参照してください．

5. MCSCF法

GAMESS は，上の CI プログラムを利用して，多様な MCSCF 計算が可能です．例えば，D2 の図 2 で取り上げた O 原子の 1S 状態に対する CASSCF 計算を実行する GAMESS のインプットは，以下のようになります．

```
 $CONTRL SCFTYP=MCSCF RUNTYP=ENERGY ISPHER=1 MULT=1 $END
 $SYSTEM MWORDS=100 MEMDDI=400 $END
 $BASIS  GBASIS=CCD $END
 $MCSCF  CISTEP=ALDET $END
 $DET    NCORE=2 NELS=4 NACT=3 NSTATE=9 IROOT=1
         WSTATE(1)=0.0,0.0,0.0,0.0,0.0,1.0 $END
 $DATA
O  1s
c1
O 8.0 0.0 0.0 0.0
 $END
```

図6　O 原子の ^{1}S 状態に対する CASSCF 計算のインプット (GAMESS)

$MCSCF の CISTEP キーワードで，MCSCF 計算の CI 計算で利用する手法を選択しています．CASSCF では一般に，Full CI 計算プログラムの ALDET を指定すれば良いでしょう．GAMESS には，MCSCF 波動関数を元に動的電子相関も考慮する MRMP 法や MCQDPT 法も実装されています．

エラーの意味と対処法

例 **1**

```
Input file xxx.inp does not exist.
This job expected the input file to be in directory xxx
Please fix your file name problem, and resubmit.
```

インプットファイル名が間違っていることを示します．正しいファイル名を指定してジョブを流します．

例 **2**

```
Please save, rename, or erase these files from a previous run:
xxx.dat …
```

GAMESS では前に計算した xxx.dat や xxx.irc などがスクラッチディレクトリに残っているとジョブが流れずに強制終了してしまいます．ファイルを消去するか移動させてからジョブを流し直す必要があります．

例 **3**

```
BLANK CARD FOUND WHILE TRYING TO READ INPUT ATOM     1
POSSIBLE ERRORS INCLUDE:
1. C1 GROUP SHOULD NOT HAVE A BLANK CARD AFTER IT. …
```

C_1 対称性を使うと，$DATA グループの対称性の指定の後に空行が不要になります．C_1 以外の対称性を使う場合は逆に空行が必要です．

例4

```
***** ERROR: MEMORY REQUEST EXCEEDS AVAILABLE MEMORY
PROCESS NO.    0 WORDS REQUIRED=  10000000 AVAILABLE=    100000
```

計算に使用するメモリ量が足らない時に出力されます．$SYSTEMに要求されたメモリの量をワード単位（=8バイト）で，MEMORY=10000000と指定します．ただし，システムで使用可能な物理メモリ量を超える場合は別のシステムを使用します．物理メモリの量を超えて指定すると計算効率が大幅に低下するので注意しましょう．

例5

```
INVALID NAME >SCFTYPE < ENCOUNTERED IN NAMELIST
**** ERROR READING INPUT GROUP $CONTRL    *****
THE PROBLEM IS WITH THIS INPUT LINE, NEAR THE X MARKER
$CONTRL RUNTYP=ENERGY SCFTYPE=RHF UNITS=ANGS $END
                              X
```

上の例の場合，$CONTRLグループにSCFTYPEというキーワードがないことを示します．また，エラーはXに近い所にあり，この後に$CONTRLの正しいキーワードの一覧が出力されるので，ここで正しいスペルやキーワード名を確認することができます．

例6

```
*** ERROR, ILLEGAL BASIS FUNCTION TYPE= ………．
```

$DATAからの基底関数の読み込みに失敗した時に出力されます．原因として，基底関数を指定していないか，基底関数の指定後に空行がないなどが考えられます．

例7

```
**** THERE ARE ATOMS LESS THAN   0.100 APART, QUITTING... ****
```

$DATAで入力された原子の初期座標が間違っている可能性があることを示しています．原子間の距離が0.100 Å以下のものが存在する場合に出力されます．

例8

```
*** ERROR ***
AN UNEXPECTED $END WAS ENCOUNTERED IN $ECP GROUP.
EVERY ATOM IN THE MOLECULE MUST BE DEFINED IN $ECP.
```

GAMESSではライブラリにあるECPを使わない場合，ECPを$ECPグループから読み込ませる必要があります．また，対称性がある場合，$DATAでは原子の座標をすべて指定する必要はありませんが，ECPの情報はすべての原子に対して$ECPで指定する必要があります．このため，ECPの入力ミス，書き間違えや入力数の間違えで上記のようなエラーが出ます．ECPの入力の場合も基底関数の場合と同様に入力ミスを避けるため，基底関数データベースを有効に利用することを勧めます．

例**9**

```
*** SCFTYP=RHF MUST HAVE MULT=1 ***
```

スピン多重度（MULTで指定）が1でない時にSCFTYP=RHFでは流れないので，SCFTYP=ROHFかSCFTYP=UHFにする必要があります．

例**10**

```
*** CHECK YOUR INPUT CHARGE AND MULTIPLICITY ***
THERE ARE   514 ELECTRONS, WITH CHARGE ICHARG=   0
BUT YOU SELECTED MULTIPLICITY MULT=   2
```

開殻系を計算する場合，電子の数とスピン多重度をよく考えて計算しましょう．電子数が奇数の場合，多重度は2重項，4重項，6重項となります．偶数の場合は1重項，3重項，5重項となります．

ここではSCF計算を流すまでの範囲のみでエラーの例と対処法を記載しました．エラーが出た場合，理由や場所がある程度示されるので，INPUT.DOCを読みながエラーの理由を見つけ出すように努力してください．また，INPUT.DOCには様々な計算方法の流し方やオプションの使い方が書いてあるので，よく読んでください．

相互作用エネルギー解析法の利用

ここからは，GAMESSならではの計算法についていくつか解説したいと思います．まずは，相互作用解析法についてです．

相互作用解析法は，分子間の相互作用エネルギーを物理的に意味のある項に分割する解析法です．分子と分子が近づいたときにどのような相互作用が起こって反応が起こるのか，立体異性体が複数存在する場合におのおのの異性体の安定性を決定する要因は何かなど，化学現象のメカニズムを量子化学の立場から微視的レベルで理解しようとする場合に有用な解析法です．GAMESSには，諸熊と北浦により提案されたMorokuma analysisが実装されていますので，水分子二量体を例にして具体的な入力と出力を見てみましょう．

```
 $CONTRL SCFTYP=RHF RUNTYP=EDA MULT=1 $END
 $SYSTEM TIMLIM=10000 MWORDS=30 MEMDDI=10 $END
 $MOROKM IATM(1)=3 $END
 $BASIS  GBASIS=N311 NGAUSS=6 DIFFSP=.T. DIFFS=.T. NDFUNC=1 NPFUNC=1 $END
 $DATA
Morokuma analysis for water dimer by RHF/6-311++G(d,p)
C1
O   8.0  -1.7159281318   0.0999343577   0.0000000000
```

```
H   1.0  -1.9059948076   1.0400830628   0.0000000000
H   1.0  -0.7505138703   0.0664584334   0.0000000000
O   8.0   1.1945737353  -0.1074918588   0.0000000000
H   1.0   1.5889320374  -0.5494084973   0.7569035035
H   1.0   1.5889320374  -0.5494084973  -0.7569035035
 $END
```

図7　水二量体に対するMorokuma analysisのためのGAMESSのインプット

$CONTRL グループで RUNTYP=EDA を指定することにより Morokuma analysis が実行されます．$MOROKM グループで，Morokuma analysis 計算の詳細を指定しますが，ここではキーワード IATM により，1つ目のフラグメントの水分子が3番目の原子までであることを指定しています．上記入力に対し，計算を実行すると出力の最後に Morokuma analysis の結果が表示されます．

```
          ------------------------------------
          RESULTS OF KITAURA-MOROKUMA ANALYSIS
          ------------------------------------

                                          HARTREE     KCAL/MOLE
  ELECTROSTATIC ENERGY              ES=  -0.015117       -9.49
  EXCHANGE REPULSION ENERGY         EX=   0.010758        6.75
  POLARIZATION ENERGY               PL=  -0.001675       -1.05
  CHARGE TRANSFER ENERGY            CT=  -0.002483       -1.56
  HIGH ORDER COUPLING ENERGY       MIX=   0.000792        0.50
  TOTAL INTERACTION ENERGY,   DELTA-E=  -0.007725       -4.85

  DECOMPOSITION OF CT
  CHARGE TRANSFER ENERGY, MON=  1  CT=  -0.000679       -0.43
  CHARGE TRANSFER ENERGY, MON=  2  CT=  -0.001804       -1.13

  DECOMPOSITION OF PL
  EPL,                    MON=  1  PL=  -0.000600       -0.38
  EPL,                    MON=  2  PL=  -0.000957       -0.60
  HIGH ORDER COUPLING FOR PL,    PMIX=  -0.000118       -0.07
```

図8　Morokuma analysisのアウトプット

最初に，水分子と水分子の間の相互作用エネルギー ΔE が，静電エネルギー (ES)，交換反発エネルギー (EX)，分極エネルギー (PL)，電荷移動エネルギー (CT)，高次結合エネルギー (MIX) に分割された結果が挙げてあり，さらにその下には，電荷移動エネルギーと分極エネルギーを各単量体（および高次項）に分割した結果が表示されています．各エネルギーがどのように見積もられているかについては，参考文献[1]に詳しい解説がありますので，そちらを参照してください．

Morokuma analysisが実行できる方法は限られているのですが，GAMESSには多くの手法で相互作用解析が可能なLMOEDA法も実装されています．こちらの利用法については，GAMESSのマニュアルを参照してください．

[1] 米澤貞次郎，永田親義，加藤博史，今村詮，諸熊奎治，三訂　量子化学入門（化学同人，1983），pp. 612-616.

MRMP2法によるベンゼンの励起状態計算

ここではGaussianでは計算できないMRMP2法による計算について説明します．MRMP2法は，限られた活性空間から生じる電子配置のみを考慮したCASSCF波動関数を摂動論により改善し，動的電子相関を取り込む方法です．例として，ベンゼンの$^1B_{3u}$最低励起状態をMRMP2法により求めるインプットを図9に示します．計算に用いる点群は，CASSCF計算に用いることができるアーベル群のD_{2h}とし，また6個のπ軌道を活性空間にします．まず，MRMP2計算を行う前に，CASSCF計算に用いる軌道を得るために，HF計算を行います．HF計算のパンチファイル（dat）から軌道が書かれた$VEC〜$ENDを抜き出して，MRMP2計算のインプットに貼り付けます．$GUESSグループでは，GUESS=MOREADとして，全ての軌道（102個）を$VECから読み込みます．HF計算で，$\pi$軌道は17，20〜23，30番目にあることが確認できるので，活性空間（19〜24番目の軌道）に入るように軌道を入れ替えます（NORDER=1で軌道を入れ替えることを，IORDERキーワードで軌道の順番を指定します）．$DETでは，活性空間と解く状態を指定しています（オプションの詳細は表2参照）．Slater行列式をベースとしたCASSCF計算を行う本手法では，3重項状態も求まるので，NSTATEを少し多めにするのがミソです．2番目の$^1B_{3u}$状態を求める場合は，"WSTATE(1)=0.0,1.0"とすれば良いです（CI計算では3重項状態が2，3番目に求まりますが，それらは除かれます）．CASSCF計算のインプットで，$CONTRLグループに"MPLEVL=2"を加えると，MRMP2計算を行うこととなります．

```
$CONTRL SCFTYP=MCSCF RUNTYP=ENERGY MPLEVL=2 COORD=ZMT $END
$SYSTEM TIMLIM=10 MWORDS=20 MEMDDI=50 $END
$BASIS  GBASIS=N31 NGAUSS=6 NDFUNC=1 $END
$GUESS  GUESS=MOREAD NORB=102 NORDER=1
```

```
          IORDER(17)=18,19,17,20,21,22,23,30,24,25,26,27,28,29 $END
 $MCSCF   CISTEP=ALDET $END
 $DET     GROUP=D2H NCORE=18 NACT=6 NELS=6 ISTSYM=8 SZ=0 NSTATE=4
          WSTATE(1)=1.0,0.0,0.0,0.0 $END
 $DATA
Benzene MRMP2/6-31G* Singlet B3u excited state
DNH  2

C                                                       構造は B5 参照
C  1  rCC
(中略)
 $END
 $VEC                                HF 計算のパンチファイル(.dat)からコピー
 1  1 4.06263556E-01 1.10549939E-02 3.31863082E-05 0.00000000E+00-1.91600199E-05 (中略)
 $END
```

図9　ベンゼンの $^1B_{3u}$ 最低励起状態の MRMP2 計算に対するインプット

表2　$DET グループの主なキーワード

GROUP	CI 計算で使う対称性
NCORE	電子励起を許さず，2電子占有する軌道の数
NACT	活性空間に含める軌道の数
NELS	活性空間内を占有する電子の数
ISTSYM	解きたい電子状態の既約表現の番号(8は B_{3u})
SZ	CI 計算で用いる行列式の α 電子数と β 電子数の差の半分(S_z の固有値)
NSTATE	解く電子状態の数(上手くいかないときに増やす)
WSTATE	(配列)各電子状態の重み(図1の例では最低状態のみ求める)

この計算のアウトプットでは，以下の部分に MRMP2 法による分子の全エネルギーが表示されています．

```
TOTAL MRPT2, E(MP2) 0TH + 1ST + 2ND ORDER ENERGY =        -231.2895707294
```

TD 計算や EOM-CC 計算と違って，MRMP2 計算では解きたい電子状態ごとにインプットファイルを作成する必要があります．このようにして得た励起エネルギーは，C9にまとめられています．なお，GAMESS では状態平均 CASSCF 波動関数を参照として多状態の摂動エネルギー計算を行う MCQDPT 法を用いることもできます．こちらのプログラムでは，状態間のスピン - 軌道カップリング定数の計算も可能です．

VSCF 法による非調和振動計算

E1 で VPT2 法を用いて Gaussian で非調和振動数を計算する方法について説明しましたが，GAMESS には cc-VSCF (correlation corrected Vibrational SCF) 法による非調和振動数計算法が実装されています．VSCF法は，平衡構造近傍でとったgrid上で量子化学計算を行って得たポテンシャルエネルギーから，振動のSchrödinger方程式を解いて非調和振動数を計算する方法です．

非調和振動数を，cc-VSCF法を使って計算するインプットは，振動数計算のインプットを元にして次のように作成します．まず，$CONTRLグループでRUNTYP＝VSCFに変更し，以下の$VSCFグループを加えます．

```
 $VSCF   NGRID=12 PETYP=DIRECT $END
```

そして調和振動計算でパンチファイル（dat）に得られる$HESS～$ENDを貼り付ければ完成です．$VSCFグループのPETYPオプションにより2つの手法が選べます．PETYP＝DIRECTはポテンシャルエネルギーを全てのグリッドで計算する高精度な方法です．DIRECTの欠点は負荷が非常に大きいことです．計算負荷はNGRIDの2乗に比例するので，デフォルト値（＝16）より下げることをお勧めします．PETYP＝QFFは4次テイラー展開のポテンシャル関数を作って振動状態計算を行う方法で，精度は少し落ちますが，約10倍速くなることが見込めます．QFFの計算負荷はNGRIDにほぼ影響されないので，デフォルト値のままでも結構です．非調和振動数は，アウトプットファイルの一番最後に以下のように出力されます．

```
 IR INTENSITIES ARE CALCULATED USING DIPOLE MOMENTS
 MODE   FREQUENCY, CM-1  INTENSITY, KM/MOL
   9        3765.16          53.60
   8        3682.58           4.77
   7        1586.12          66.12
```

表3にcc-VSCF法により得られた非調和振動数をVPT2法（E1参照）の結果とともにまとめました．調和振動数に比べるとかなり改善されていることが一目瞭然です．3つの計算方法の中で一番精度が高いGAMESS(PETYP＝DIRECT)は一番いい結果を出していますが，計算負荷も一番高くつきます．他の2つの方法はやや劣っていますが，OH伸縮は非調和性が大きいため，実は水分子はかなり難しい分子です．通常の炭化水素などの分子系では3つの方法はもっと良く一致します．したがって，PETYP＝GRIDの計算が大きすぎる場合は，PETYP＝QFFが良いオプションとなります．

表3　水分子の基本振動数(cm^{-1})．電子状態計算のレベルには MP2/cc-pVTZ を使用．

	ν_1	ν_2	ν_3
調和近似	3856	1653	3976
cc-VSCF (PETYP=DIRECT)	3683	1586	3765
cc-VSCF (PETYP=QFF)	3699	1582	3803
VPT2	3687	1602	3794
実験(基本振動数)	3657	1595	3756

索　引

記号・数字

欧字

かな

監修者紹介

平尾　公彦

1974 年，京都大学大学院工学研究科博士課程修了
現在，東京大学 名誉教授，理化学研究所 顧問

編著者紹介

武次　徹也

1994 年，東京大学大学院工学系研究科博士課程修了
現在，北海道大学大学院理学研究院 教授

NDC430　223p　21cm

新版　すぐできる　量子化学計算ビギナーズマニュアル

2015 年　3 月 23 日　第 1 刷発行
2019 年　8 月 20 日　第 6 刷発行

監修者　平尾　公彦
編著者　武次　徹也
発行者　渡瀬　昌彦
発行所　株式会社 講談社
〒 112-8001　東京都文京区音羽 2-12-21
販売　(03)5395-4415
業務　(03)5395-3615

編集　株式会社 講談社サイエンティフィク
代表　矢吹　俊吉
〒 162-0825　東京都新宿区神楽坂 2-14　ノービィビル
編集　(03)3235-3701

本文データ作製　株式会社 エヌ・オフィス
カバー・表紙印刷　豊国印刷 株式会社
本文印刷・製本　株式会社 講談社

落丁本・乱丁本は購入書店名を明記の上，講談社業務宛にお送りください．送料小社負担でお取替えいたします．なお，この本の内容についてのお問い合わせは講談社サイエンティフィク宛にお願いいたします．定価はカバーに表示してあります．

Printed in Japan
ISBN978-4-06-154388-1